不同性格的人在面对同一件事情的时候往往会有不同的反应和行动,同时也导致了不同的结果和不同的命运。因此,性格决定命运就成为一个不可改变的事实。

前 言

命运可谓是一个古老而又神秘的话题，不管是中国的《易经》，还是古埃及的塔罗牌，抑或古巴比伦的占星术，无不试图洞穿命运的秘密，希望寻找到命运背后的那位神秘的主宰者。然而，科学发展到今天，从神秘主义到心理学，又从荣格到弗洛伊德，命运的最终决定者——性格终于逐渐浮出水面。也许这样的一个答案会让一些人大失所望，怎么偏偏是与我们朝夕相伴、我们如此熟悉的性格呢？

然而，当我们翻开那沉甸甸的历史，在无数的人层叠起来的历史的缝隙里，不难找到性格所留下的痕迹。正是因为项羽的刚愎，才在乌江边上演了一幕经典的"霸王别姬"；正是因为成吉思汗的强悍和勇猛，才有了中国历史新篇章的诞生；正是因为李白的狂放和飘逸，才有了不朽佳作的流传。到底是偶然，还是必然呢？再来看一看我们身边的人，性格这位隐藏的命运之神也无时无刻不在左右着我们每一个人的命运。如同这个世界上没有完全相同的两片叶子一样，我们每个人都可谓非常之独特。不同性格的人在面对同一件事情的时候往往会有不同的反应和行动，同时也导致了不同的结果和不同的命运。因此，性格决定命运就成为一个不可改变的事实。

性格对命运的奇妙作用，在古往今来的故事及我们周围的人，甚至包括我们自己在内都得到了最有力的见证，而且这样的例子已经是屡见不鲜了。就我们个人而言，要想取得成功和完美人生的第一步，就要先了解你自己。早在几千年前，古希腊哲学家苏格拉底就曾说过："人啊，认识你自己！"而认识自己在很大程度上就是认识到自己的性格，进而对自身的性格进行取长补短，不断地完善自我，让良好的性格在人生的道路上助自己一臂之力，帮助自己取得成功。

什么是性格？概括来说，性格就是人在处理事情的态度和行为方式上表现出来的心理特点，如理智、沉稳、坚韧、执着、含蓄、坦率等。性格不仅影响一个人的生活状况、婚姻家庭，也影响一个人的人际交往、职业升迁、商务活动、事业发展、经营理财等，性格决定一个人的成败得失以及一个人的前途命运。优良性格让人不管是在顺境还是在逆境中，都能坦然积极地面对，并且不懈努力，取得成功；不良性格会让人走尽弯路，受尽挫折，甚至在关键时刻毁掉一个人的一生，造成悲剧性的结局。

　　对于每一个人来说，良好的性格能够促使其事业成功，能够给他的生活带来幸福和快乐；而不良的性格则会阻碍人的成功。事实上，个人成功除与财富有关以外，与名誉、社会地位和声望等亦息息相关。尤为重要的是，积极的心态、高贵的品格、快乐的心情，更是金钱所无法衡量的。然而，任何人都没有完美无缺的性格，每个人的性格都有长处与短处。人，天生就有某一类性格，决定了一个人适宜在这个方面做事，而不适合在那个领域发展。"江山易改，本性难移。"不要为自己的性格而烦恼。性格本身没有正确与错误之分。一味地弥补性格缺点的人，只能将自己变得平庸；而发挥性格优势的人，才可以将自己变得出类拔萃。关键在于如何发挥自己性格的优势。性格的奇妙作用，在古往今来的名人故事以及我们的亲身体验中早已屡见不鲜。然而，多数人总是浅尝辄止，读之有趣，行之艰难。究竟什么是性格？怎样的性格对人有益？什么样的性格害人不浅？博大精深的性格学问，无不令我们诧异、惊奇、叹服、思考。究竟是何种玄妙因素使性格超越了智商、外貌等先天因素，以强大的力量牵掣着我们的成败？

　　成也性格、败也性格。这不得不让我们真正重视、重新审视自身的性格。也许，此时的你内心充满了困惑，也许你要追问：自己是什么样性格的人？自己的性格会给自己带来什么样的命运？性格是天生注定还是后天的产物？性格可以在后天得到改变吗？如果你想知道这些问题的答案，请看这本书吧。

　　本书从性格定义、性格特征、性格类型、影响性格的因素、性格对人的前途命运的影响等多个角度，对性格内涵做了深入挖掘，从理论和实践两方面，全面而深入地阐述了性格对命运的决定关系，不仅在理论层面对"性格决定命运"进行了科学论证，而且对每种性格都做了较为透彻的分析，并着重于对性格的优势和缺陷的剖析，以期帮助读者了解性格的方方面面。同时从众多的性格类型中，列举了如中庸、狭隘、懦弱、懒惰、残暴、认真、自满、自负、大度、勤奋、诚信、正直、豪放、多疑、孤僻、乐观、自卑、进取、顽强、创新、敏感、逃避、自恋、自闭等性格特征来进行分析、阐述，不仅有正面的性格，还有负面的性格，并选取具有典型性格的历史人物，采取历史和事例相结合的方式，对性格进行解析。本书避开了生涩难懂的专业理论，以通俗易懂的叙述方式，向读者介绍了常见的性格特征及其命运，帮读者了解自己，驾驭他人。

　　本书紧紧围绕性格决定命运这一主题，通过自我性格测试及典型性格代表案例来帮助读者认识并掌握自己的性格，从而扬长避短，最大限度地发挥自己的潜能，有利于高效开展工作、事业，经营生活、婚姻、家庭，改变自己的命运，创造和谐圆满的人生，并获得成功和幸福。

目录

第一节 何为性格

性格是人最本质的象征　　002
性格的表现形式　　006
性格的缘起及发展　　009
中国人历来对性格的认识　　012
西方人对性格的理解　　015

第一章 性格决定命运

第二节 影响性格的四大因素

遗传——与生俱来的性格　　018
家庭——为性格打上最初的烙印　　020
教育——重塑你的性格　　024
环境——"时势造英雄"　　026

第三节　性格决定命运
怎样的性格决定怎样的命运　　030
性格是可以改变的　　034
命运掌握在自己手里　　036
用性格来改变你的人生　　039

第二章　解开性格密码

第一节　性格分类
性格的两种基本分类：内向型和外向型　　042
四种典型性格分类　　048
MSCP 性格分类　　051
红、蓝、黄、绿四色性格分类　　057
荣格性格分类　　073

第二节　为什么要认识自己的性格

上帝只创造了唯一的你　　　　085

认识性格才能完善性格　　　　087

学会优化自己的性格　　　　　089

第三节　如何认识自己的性格

菲尔测试及性格分析　　　　　092

MSCP 测试及性格分析　　　　097

荣格性格测试及分析　　　　　101

第三章　性格决定人生

第一节　"男怕入错行"——性格与职业选择

为什么你不成功　　　　　　　116

选对职业，每种性格都能成功　119

寻找合适的职业　　　　　　　122

性格相反才是工作的最佳组合　125

第二节 "女怕嫁错郎"——性格影响婚姻

性格左右爱情　　　　　　　　　　128
性格决定你的爱情模式　　　　　　131
不同性格夫妻的和美相处之道　　　135
如何做个丈夫眼里完美的妻子　　　138
如何做个妻子眼里完美的丈夫　　　142

第三节 从性格去发现你的财富密码
　　　　——性格决定你所拥有的财富

没有人是天生的富翁　　　　　　　147
顽强与坚韧造就财富的卓越　　　　149
诚信是一种无价的资本　　　　　　151
成功者的字典里没有"失败"　　　　154
敢于冒险才能抓住更多的财富　　　156
和气生财　　　　　　　　　　　　158

第四节 良好性格打造成功人际关系
　　　　——性格左右你的人际交往

建立良好的人际关系　　　　　　　160
与人交往保持适度的弹性　　　　　162
内方外圆的处世之道　　　　　　　164
改变在人际交往方面的消极态度　　166

第一节　急需克服的十一种缺陷性格

别让自负提前注定了你的失败　　172
多疑是躲在人性背后的阴影　　175
别让狭隘禁锢你的心灵　　179
远离让你永远也站不起来的自卑　　182
懒惰是成功路上的拦路虎　　187

第四章　塑造良好性格成就辉煌人生

悲观是人生最黑暗的深渊　　190
贪婪是你永远无法填满的无底洞　　192
走出自闭的牢笼寻求真正的自由　　196
暴躁的性格是发生不幸的导火索　　199
冲动是魔鬼　　203
抑郁是灵魂在疼痛　　204
偏执的结果只会是此路不通　　210

第二节　培养和锻造十二种成功的性格

自我充实，不断进取——培养学习型性格　214
三思后行，灵光乍现——培养善思型性格　216
改变命运，不靠他人——培养独立型性格　220
勇往直前，敢于冒险——培养冒险型性格　221
心胸坦荡，豪爽率真——培养豪爽型性格　225
风摧不垮，雨打不折——培养坚韧型性格　227
刚强气质，强者风范——培养刚毅型性格　229
把握时机，雷厉风行——培养行动型性格　232
左右逢源，人脉畅通——培养社交型性格　236
心平气和，宠辱不惊——培养沉静型性格　239
以柔克刚，威力无穷——培养温顺型性格　241
积极乐观，快乐无忧——培养快乐型性格　244

第一章

性格决定命运

性格是人最本质的象征

心理学家认为：性格是一个人典型性的行为方式，也就是

第一节　何为性格

　　大千世界，芸芸众生，如同世界上没有两片相同的叶子，我们每个人都是孤立的个体。在面对同一件事情，每个人的反应都不同：同样是大敌当前，为什么岳飞宁死不屈，而秦桧却卖国求荣？同样是楚汉相争，为什么刘邦能一统天下，而项羽却乌江自刎？同样是才华横溢，为什么毕加索能一举成名，而凡·高却郁郁而终？同样是遭遇厄运，为什么贝多芬能扼住命运的咽喉，而许多与成功仅一步之遥的人却在关键时刻选择了放弃？太多的为什么让我们不得不联想到性格，正是因为性格的不同而导致了选择的不同、行为的不同，进而导致命运的不同。而性格本身又是复杂而多样的，这体现在每一个个体上更是纷繁复杂、变化万千。这也是为什么我们周围的人有的开朗活泼、有的沉稳冷静，有的热情大方、有的冷若冰霜，有的潇洒大方、有的郁郁寡欢，有的细心谨慎、有的粗枝大叶……归根结底都是性格所决定的。那么，究竟什么是性格？

性格是人最本质的象征

　　心理学家认为：性格是一个人典型性的行为方式。也就是说,一个较成熟的人在各种行为中,总贯穿着某一种典型的方式,这是经常的,而不是偶然的。这就是性格。

例如,王某不论在众人聚会的场合,还是在工作中,都是开朗大方、活力四射的。这样,我们说他的性格是活泼的。如果某一日,他有点心事,因而变得沉默寡言,但这只是很偶然的情形,我们就不能说他的性格是沉默寡言的。性格是人的心理的个别差异的重要方面,人的个性差异首先表现在性格上。恩格斯说:"刻画一个人物不仅应表现他做什么,而且应表现他怎样做。""做什么",说明一个人追求什么、拒绝什么,反映了人的活动动机或对现实的态度;"怎样做",说明一个人如何去追求要得到的东西,如何去拒绝要避免的东西,反映了人的活动方式。如果一个人对现实的一种态度,在类似的情境下不断地出现,逐渐地得到巩固,并且使相应的行为方式习惯化,那么这种较稳固的对现实的态度和习惯化了的行为方式所表现出的心理特征就是性格。例如,一个人在为人处世中总是表现出高度的原则性、热情奔放、豪爽无拘、坚毅果断、深谋远虑、见义勇为,那么我们说这些特征就组成了这个人的性格。构成一个人的性格的态度和行为方式,总是比较稳固的,在类似的甚至不同的情境中都会表现出来。当我们对一个人的性格有了比较深切的了解,我们就可以预测到这个人在一定的情境中将会做什么和怎样做。

而性格差异是普遍存在的,这就使得每个个体都拥有自己独特的个性。事实上我们生来就具有自己的优点和缺点,只有意识到自己的独一无二,才能理解为什么大家在学同一课程,在同样的时间里由同一位老师讲课，却往往会获得不同的成绩。尽管性格的差异是普遍存在的，但是不能否认人们的性格也存在着共同性，性格是在人的社会化过程中形成的，因此，作为个体总要受到一定社会环境的影响。人是生活在群体之中的，相同的环境条件与实践活动会使人们的性格带有群体的共性特点，像直爽、热情、好客就是东北人的共性。可以说共性是相对存在的，而性格的差异是绝对的。具体地说，性格的特征大致包含了整体性、稳定性、独特性和社会性，以及可变性、复杂性。

1. 整体性

性格是一个统一的整体结构，是人的整个心理面貌。每个人的性格倾向性和性格心理特征并不是各自孤立的，它们相互联系、相互制约，构成一个统一的整体。一个固执的人同时也可能是坚强果断的，而一个温柔的人也可能同时是宽容的。因此，分析自己的性格，应当从自身全面地去看，既要看到自己性格的优势，也要看到劣势，只有这样才能真正认识自己的性格。

2. 稳定性

性格是指一个人比较稳定的心理倾向和心理特征的总和，它表现为对人、对事所采取的一定的态度和行为方式。一种性格特征一旦形成，就比较稳固，不论在何时、何地，于何种情境下，人总是以他惯用的态度和行为方式行事。"江山易改，本性难移"形象地说明了性格的稳定性。

3. 独特性

每个人的性格都是由独特的性格倾向性和性格心理特征组成

的，即使是双胞胎，他们在遗传方面可能是完全相同的，但性格品质也会有所差异。因为每个人在后天的实践环境中，条件不可能绝对相同；而且即使是生活在同一家庭中的兄弟姐妹，宏观环境相同，个人的微观环境也是有差异的。因此，每个人的性格都反映了自身独特的、与他人有所区别的心理状态。如《水浒传》中的108条好汉，便是个个性格迥异。

4. 社会性

人不仅具有自然属性，同时也具有社会属性。一个人如果离开了人群，离开了社会，正常的心理发育将无法完成，更谈不上性格的发展。生物因素只给人的性格发展提供了可能性，而社会因素则使这种可能性转化为现实。性格作为一个整体，是由社会生活条件所决定的。中国古代"孟母三迁"的故事就充分地反映了人的性格的社会性。

5. 可变性

整个人类的心理素质都处在不断进化的过程之中，作为人的心理素质之一的性格，当然也在不断进化。性格也会因为年龄的增长、环境的变化而发生改变，总体来说是趋向成熟的。一个人，当发现自己的性格特征是好的，对他自身的发展有利，他便会通过自我意识来巩固、加强和完善这一性格特点；而当他发现自己的性格特点是不好的、有缺陷的，严重地阻碍了他的发展，他便通过自我意识有目的地节制和消除。人便是通过这个方式改变不好的性格和培养好的性格，不断完善自己，塑造优良而完美的性格。

6. 复杂性

人的性格的复杂性，来源于现实社会生活中人的复杂性和矛盾性。人是社会属性和自然属性的统一体，从社会属性来说，人是各种社会关系的总和。由于社会生活的复杂，人的思想、行为不可避免地要受到来自各方面的影响。因此，人的行为的动机、欲望、需求是相当复杂的，甚至是互相矛盾的。人的性格也往往表现出这种矛盾性。有的人平时温文尔雅、态度谦和，但在面对丑恶时也能疾恶如仇、勇于与之斗争。所以，一个人的性格实际上充满了矛盾性和复杂性，很难用一个简单的词来描绘一个人的性格。因此只有深刻地剖析自己的内心世界，剖析自己的各种欲念和思想动机，并且把这些和自己性格方面的各种表现联系起来加以考察，才能从本质上把握住自己的性格。性格的概念是如此的广泛，因此，我们只有准确地了解和把握性格决定行为的规律、不断地认识和了解自己和他人的性格，同时进一步改造和完善自己的性格，才能在真正意义上把握和掌握好自己的命运，成就美好的人生。

性格的表现形式

1. 活动凸现出性格

人的心理和活动是密切联系的。性格在活动中形成，也在活动中表现。因此，应在游戏、学习、劳动和交往等各种具体活动中研究人的性格。

儿童的性格在游戏中会表现出来。例如，让儿童在各种各样的游戏之间选择一个他最喜欢的游戏，从而由这个游戏的类型来判定儿童的性格，例如，有的游戏是需要团队协作的，有的是由个人独立进行的；有的游戏是运动型的，有的则是安静型的。一般来说，愿做运动型游戏的儿童的性格是比较活泼好动的；愿做安静型游戏的儿童的性格是内向的；而愿做个人游戏的儿童表现出其性格孤僻一面的同时，也表现出其特立独行的一面；喜欢参加团队协作的儿童的性格，既有善于交往的一面，也有依赖他人的一面。

学生的性格则会在学习活动中表现出来，如学习的责任心和坚持性。作业是否认真、细致，上课时的精神状态和表现，也能反映其性格上的特点。

人的性格还会在工作中表现出来，例如，可以从一个人对工作的态度，如何处理工作中的人际关系及如何完成任务等方面观察到他的性格特征。

2. 语言体现出性格

俗话说："言为心声。"我们观察一个人怎样说话，对认识其性格具有重要的意义。如说话的内容、说话真诚与否、言语风格如何等，都可以表现出一个人的性格特点。

一个人表里不一，也可以从其言语中表现出来，如阳奉阴违，说一套做一套，这充分表现出虚伪的性格特征。一个正直的人在说话时不仅语气坚定、斩钉截铁，而且用语也非常讲究礼貌、准确，其内容更是由字里行间透出一股正气。而一个狡诈的人在编造谎言时语气往往是飘浮不定的，而且用语也给人一种不确定、不可靠的感觉，其内容更是漏洞百出。

当然，语言只是我们判断一个人性格的一方面，因此，为了更好、也更准确地判断一个人，我们必须把言语的不同方面与性格的其他表现联系起来。

3. 外貌表情反映出性格

其实一个人的面部表情、姿势、打扮、衣着等也在某种程度上反映出一个人的性格特点。一个热情开朗的人总是将他的开朗的性格写在笑脸上，而一个阴郁的人则总是一脸的惆怅表情。微笑本身也可以表现出不同的性格特征。托尔斯泰写道："有些人一双眼睛在笑，这是奸诈的人和利己主义者。有些人不用眼睛而是口中发笑，这是软弱、优柔寡断的人，而这两种笑都是不愉快的。"面部表情是多种多样的，会表现出不同的性格特性。

眼睛是心灵的窗口，人的眼睛在面貌的表现上起着重要的作用，它显示了人的性格和气质的某些特征。托尔斯泰就曾把人的眼神分为：狡猾的目光、炯炯有神的目光、明朗的目光、忧郁的目光、冷淡的目光、无情的目光等。

典型的姿势，如一个人是放开大步走还是迈着碎步走，是笔直地站着还是斜歪着，双手放在什么地方等，往往也反映出一个人的性格特征。

一个人的服饰也可表现出人的性格。比如，活泼型的姑娘一般喜爱色泽鲜艳、图案活泼多变的服装；温柔文静的姑娘则爱穿素净淡雅、饰物线条简单的服装。

性格的缘起及发展

英文中的性格"Personality"一词的语源一般都认为它来自希腊文"Persona"。这个词的意思是指希腊人在演戏时戴上的面具,后指演员在戏中扮演的角色,并指扮演该角色的人,有时也指具有某种特征的人。这也就是说,"性格"是人类行为的特征,是经常性的行为表现,而不是那些仅偶尔发生的行为。因此,性格一词最初出现时,含有4种不同的意义:

①一个人在生活舞台上呈献给其他人的公开形象。
②别人由此知道这个人在社会生活中所扮演的角色。
③适合于这个生活角色的各种个人品质的总和。
④角色身份的特定性和异他性。

可见,人的性格既包括呈现在他人面前的外部的自我,也包括由于种种原因不能显示出来的内部的自我。

人类在古希腊时期就开始了对性格的关注和研究,亚里士多德的大弟子德奥佛斯特就在他的《人的种种》一书中对愚钝、小气、胆小、叛逆等常见的性格及典型行为做了深刻而幽默的描述:

愚钝的人就是——
"去找已经忙得焦头烂额的人,要求和他谈谈心。"

"女朋友正生病发高烧,却在她面前大唱情歌。"

"去喝喜酒,却在宴会上大肆批评新娘的不是。"

"看到长途旅行回来、累得全身无力的朋友,却邀他去运动。"

"对方手上有一件事情正做也不是、不做也不是,犹豫不决的时候,自己却自告奋勇地表示想接此工作。"

而他对"小气"的人的刻画更是到位,让人叹为观止:

"请人喝酒,却一直数对方喝了几杯。"

"请别人帮忙买东西,即使花费很低,但一看到账单,仍大皱眉头。"

"天天跑去看自己和邻居的土地界址是否被移动了。"

"请人吃烤肉,却切成小小的块,每次只端出一点点。"

"说要出去买食物,逛了半天却什么都没买回来。"

这可以说是目前世界上能找到的最古老的"性格论"著作了。它有关性格的各种描述在诙谐幽默中给人一种贴切、点到死穴的感觉。也正因为如此,读此书也成为当代有关心理学研究的基础。

随后卡雷努思根据希波克拉底的"液体病理学"提出所谓的"气质说"。活泼而有阳刚之气的人血液较多,也就是"多血质";而性情稳重、沉着缓慢者则是由于黑胆汁过多,属于"黑胆质";至于急躁没耐性的人则是由于黄胆汁过多,属于"黄胆质"。这种所谓"气血质"的学说可说是卡雷努思将希波克拉底以来古希腊医学综合整理、体系化的结果。

到了19世纪后半叶到20世纪初,德国医学和心理学家恩特将人的情绪反应以"强与弱""快与慢"等二元对应的方式,配合气质说，在前人的基础上将人的性格归于以下4类。

1. 多血质

这类人轻率、活泼、好事，喜欢与人交往，面对困难不会退缩，以及不会记恨；很容易答应别人的事情，也很容易忘了约定；有面对困难的勇气，但看事情不妙，也会开溜；能够调整自己的喜怒哀乐，随时保持心理平衡与往前冲刺的状态；一旦成功或受别人赞赏，就乐不可支。

2. 黏液质

这类人多安静、漫不经心、散漫、邋遢、好饮食。相对于黄胆质的人一受刺激就哇哇大叫，黏液质的人则反应非常迟钝或冷淡。虽然反应及行动缓慢，但这类人通常诚实且值得信任。由于个性平淡，这类人多工作缓慢，所以不太容易紧张，但反面，则有做事动作迟缓、不修边幅、喜好享乐等毛病。可以说，这类型的人多半有点利己主义倾向。

3. 黑胆质（抑郁质）

这类型的人比较趋向于稳重、沉郁，经常只看到人生的黑暗面。他们多半避免迎来送往的交际活动，也不喜欢和外向活泼的多血质人在一起，甚至看到别人欢天喜地乐不可支时，反而会不高兴。这类人一遇到困难常常心理失去平衡，一旦心情不高兴，便久久无法恢复正常。

4. 黄胆质（胆汁质）

对于情绪的刺激非常敏感，意志容易动摇、没有耐心、情绪忽冷忽热。这类人喜欢参加各种活动，但想法常常改变，只有3分钟的热度。这类型的人不喜欢被压抑，喜怒哀乐的表现非常明显。不过，他们不像黑胆质的人容易持续某种心情，不论悲伤或愤怒都来得快去得也快。一般而言，这类型的人既有热心也有爱心，做事情很有爆发力。

到了20世纪，"四气质说"又被德国学者克雷兹曼及美国学者提出的各种理论代替，而这一期间的"性格"学说也得到了空前的发展，其中根据四型判断性格的方法被普遍应用。

中国人历来对性格的认识

我国对性格的认识与研究最早可以追溯到商周时期的"性习论"，而后到了春秋战国的百家争鸣的年代，各家各派又在"性习论"的基础上纷纷提出自己的观点，将对性格的探讨推到了一个新的高度。

首先是产生于商代的"性习论"。"习与性成"据说是商代早期伊尹告诫初继王位的太甲的一句话，意即一种"习"（习惯）形成的时候，一种"性"（性格）也就形成了。儒家的代表人物孔子，随后把"性习论"加以发展，提出"性相近，习相远"，认为人的本性原先是"相近"的，只是由于后天的习练，而导致了人们"习相远"，即差异很大的性格。

到了百家争鸣的春秋战国时期，以墨子为代表的墨家在以往学说的基础上也形成了自己的观点。提出了"性染说"，认为人性如素丝,"染于苍则苍,染于黄则黄,所入者变,其色亦变",即人性完全是环境和教育的结果。

与此同时,儒家的另一位集大成者——孟子则一直坚持"性善论""人之初、性本善"。他认为人的性格天生都是善良的,并且举出"恻隐""羞恶""辞让""是非"为人性的"四端",而这"四端"是人皆有之的,只要推而广之,就可发展成为仁、义、礼、智、信等善良性格。

同属儒家的荀子则提出了与孟子的"性善论"恰恰相反的"性恶论"。他认为:"人之性恶,其善者伪也。"认为"情"和"欲"都是人的天性,"性者,天之就也;情者,性之质也;欲者,情之应也。"所以,"情不可免","欲不可去","情"和"欲"都是人们产生不良性格的基础。他主张用"礼乐"节制人们的"情"和"欲"。

到了汉代,集各家学说于一身的董仲舒为了迎合当时统治者的需要,便将性格与"天人感应"联系起来,提出一套较为完整的"天人感应论",认为"为人者天也"。因此,人的身体结构跟天的特点相吻合:"人有三百六十节,偶天之数也;形体骨肉,偶地之厚也;上有耳目聪明,日月之象也;体有空窍理脉,川谷之象也。"他认为,人的心理活动也与天的现象相对应:"人之好恶,化天之暖晴;人之喜怒,化天之寒暑。"从这种神秘的"天人感应观"出发,必然引出唯心主义心身观,对人性做出唯心主义的臆测。董仲舒明确把人的性格分为"圣人之性""中民之性"和"斗筲之性",这就是所谓"性三品"说。他认为"圣人之性"天生为善,不必教育;"斗筲之性"天生为恶,无法教育;"中民之性"则可善可恶,必须教育。

随后,"性恶""性善""性染"和"性品"的争论一直持续到了明清时期。

关于性格的分类,中国很早就有了自己的分类方法,我国古书《灵枢》中就对人的心理和生理上的差异进行分类,并归纳为五类:金、木、水、火、土。

金型人面呈方形,皮肤白色,肩、腹、足都小,脚跟坚实厚大,骨轻。禀性廉洁,性情急躁,行动刚猛,办事严肃认真、果断利索、坚定不移。

木型人肤色苍白,头小面长,肩阔背直,身体弱小,忧虑,勤劳。好用心机,体力不强,多动刚猛,多忧多劳。

水型人皮肤较黑,面部不光洁,头大,清瘦,肩膀狭小,好动,走路时身子摇晃。禀性无所畏惧,不够廉洁,善于欺诈,为人不惧不卑。

火型人皮肤发红,背部肌肉宽厚,脸形尖瘦,头小,手足小,步履稳重,走路时肩背摇晃,背部肌肉丰满。性格多虑,缺少信心,态度诚朴。性急,有气魄,轻财物,但少信用。

土型人皮肤呈黄色,头大面圆,肩背丰厚,腹大,腿部壮实,手足不大,肌肉丰满,身体匀称。内心安定,助人为乐,对人忠厚。行事稳重,取信于人,静而不躁,善与人相处。

根据这个理论,不同性格的人,寿命的长短也是不同的。一般认为火型人"不寿暴死",土型人寿长病少,这一点已为现代医学所证实。

我国另一部伟大的医书《内经》还按阴阳强弱把人分为五

类：太阴、少阴、太阳、少阳、阴阳平和。

用"阴阳五行说"对人进行分类，虽然缺少科学依据，但还是给人们提供了区分不同类型的人的参考工具，这在当时是有一定作用的。这种分法表明：人的本质是由内部阴阳矛盾的倾向性决定的。这和近代生理学研究的兴奋和抑制关系有相同之处。

西方人对性格的理解

在西方国家，早在古希腊时期就对性格展开了各种各样的研究，并做出了种种解释。而这些最早的研究和论断也为后来性格科学的发展奠定了坚实的基础。最早提出性格分类学说的是古希腊哲学家赫拉克里特，他把人分成两类：一类人是以"逻各斯"（理智）为指南并能支配自己欲望和需要的人；另一类人则屈从于跟动物没有多少区别的愿望和需要的支配。柏拉图则用不同的灵魂占优势来解释人们的性格。在他的《理想国》中，他提到人应根据自己的性格做适合的事情，从而各司其职，例如，有智慧的人应该当学者，勇敢的人应该当军人，而情欲旺盛的人可以从事手工业、做手艺人。在西方，把性格理解为其本质是产生于社会的这种观念，起源于亚里士多德。他把人确定为政治的、社会的动物，认为人的性格产生于结合成群体的人们的社会情感和联系，以及由人际交往联系起来的集体生活方式。亚里士多德的这种思想，构成西方最早的性格社会心理学的核心。

一直到十八九世纪，随着人类医学的发展，产生了拉杰法尔的相面术和加尔的颅相学。这种学派认为，人的长相、脸型和性格、命运有联系。1811年，奥地利医生加尔研究了大脑皮质不同部位的功能定位，并且认为，脑的某一部分是否发达，能在颅骨的外形上显示出来。因此，可以根据颅骨的外形来确定一个人的性格特点和心理倾向。例如，前额骨突出，就被认为是"聪明""精干"；额骨扁平，则被认为是"笨拙"等。加尔的这个主观唯心主义的观点，被他的学生施浦泽姆加以发展，成为一门"骨相学"。根据这种学说，一个人是忠诚老实还是虚伪奸诈，是正直坦率还是阴险毒辣等，只要看一个人的头骨长相就能推测出来。但是，这些学说带有很浓的唯心主义色彩，缺乏必要的科学依据，随着科学的进步，它最终被新的学说所取代。

20世纪初，现代心理学的奠基人冯特明确提出了"个性精神源自于整体精神之中"的观点，认为个人性格等个性心理特征是由一定的集体现象中派生出来的。

在冯特以后，又有人提出"遗传决定"的学说，认为个人的性格取决于遗传因素。美国心理学家桑代克说，人的个性"80%决定于基因，17%决定于训练，3%决定于偶然因素"。霍尔则鼓吹："一两的遗传胜过一吨的教育。"他们实际上都认为，个人性格之间的差异就是遗传因素的差异，这种差异是不可能被消除的。

而从18世纪法国启蒙思想家到德国唯物主义哲学家费尔巴哈，至19世纪俄国革命民主主义者，在个性形成问题上都看到了社会的作用，看到了人与人之间的联系对于性格的影响，提出了性格不是遗传的结果，而是环境和教育影响的结果的原理。俄国革命民主主义者更是将社会对性格的影响大大地推进了一步，他们强调人的活动本身在改变环境中的作用，即不但环境能改变人，人也能改变环境。

到了20世纪40年代，关于遗传和环境对性格、心理的作用，曾引起国际心理学界一场激烈的论战，其结果是不了了之。这场论战中止20多年后，又由于詹森在1969年发表了关于种族的智力差异观察、强调遗传决定而重新引发。究竟是遗传决定，还是环境决定，至今仍然没有一个定论。但是性格与人的行为之间存在的相互关系则是一个不争的事实。一方面，性格对人的行为具有支配性；另一方面，人也可以支配自己的性格，人的性格是接受自我意识的控制和调节的。一个人，当发现自己的性格特征是好的，他便会通过自我意识来巩固、加强和完善这一性格特点；反之，当他发现自己的性格特点是不好的、有缺陷的，他便通过自我意识有目的地节制和消除它。人便是通过这两个渠道改变不好的性格和培养好的性格，来不断完善自己，进行优良而完美的性格的塑造。

第二节　影响性格的四大因素

性格对人的一生有着决定性的影响，因为每一个人的性格都是独一无二的，而性格又在有意或无意中支配人的行为，进而形成不同的结局。而性格的形成又受到了先天因素和后天因素的双重影响，使得每一个人的性格都能在成长的过程中随着环境、教育等改造，从而使一个人的内在本质发生质的改变，进而走向性格的完善与成熟。

遗传——与生俱来的性格

人类似乎很早就对性格形成的遗传因素有了一定的认识，我国的很多俗语就有这一方面十分生动和形象的体现，如"种瓜得瓜，种豆得豆""上梁不正下梁歪""老鼠的儿子会打洞"等。

从科学的角度来看，性格的形成与发展确实有着极其深厚的生物学根源，遗传素质作为性格形成的自然基础，也为性格的形成和发展提供了必不可少的前提条件。

下面我们着重从四个方面来分析遗传对性格的影响。

第一，一个人的相貌、身高、体重等生理特征，会因社会文化的评价与自我意识的作用，影响到自信心、自尊感等性格特征的形成。

如在一个崇尚以瘦、高、小脸为美的国家里，如果一个人的外表刚好符合这个国家的大众审美标准，那么他/她将成为众人认可、肯定的对象，其自信心和自尊感也会得到大幅度的提升；但如果相反，他/她胖、矮且相貌并不那么出众，他/她就会在一种大众无形的否定中感到自尊心受挫，并产生自卑的情绪。

第二，生理成熟的早晚也会影响性格的形成。一般来说，早熟的孩子爱社交，责任感强，较遵守学校的规章制度，容易给人良好的印象；晚熟的孩子往往凭借自我态度和感情行事，责任感较差，不太遵守校规，很少考虑社会准则。如果任其自由发展，在孩子以后的成长过程中很有可能会出现这样或者那样的问题，甚至引发严重的后果。

第三，某些神经系统的遗传特性也会影响特定性格的形成。这种影响表现为或起加速作用或起延缓作用。这从气质与性格的相互作用中可以印证：开朗型的人比抑郁型的人更容易形成热情大方、积极乐观的性格。

在不利的客观情况下，抑郁型的人比开朗型的人更容易形成胆怯和懦弱的性格特征；而在顺利的条件下，开朗型的人比抑郁型的人更容易成为强者。

第四，性别差异对人类性格的影响也有明显的作用。一般认为，男性比女性在性格上更具有独立性、自主性、攻击性、支配性，并有强烈的竞争意识，敢于冒险；而女性则比男性更具依赖性，较易被说服，做事有分寸，具有较强的忍耐性。这种由性别差异而导致的性格差异在社会的职业选择上就有很好的体现，例如，需要细心与耐心的护士、幼教、秘书等工作的从业者一般以女性居多，而需要耐力、独立性、支配性的工作，如工程师、警察等则以男性居多。

遗传固然是性格形成的重要因素之一，但我们不能无限夸大遗传的影响。因为一个人性格的形成，无论是讨人喜欢的性格还是讨人厌烦的性格，除去遗传因素的影响，更多的是后天的家庭、教育及环境的影响。了解了这一点，也就使我们能够更好地培养并完善自己的性格。

家庭——为性格打上最初的烙印

当我们降生在这个世界上时，就归属了一个家庭，而且家庭作为每一个人出生后接触到的最初的教育场所，父母双方的性格，父母的教育方式、观念，在家庭中所处的地位及所承担的角色等都对人的性格的最终形成有非常重要的影响。从这个意义上讲，家庭是制造性格的工厂。

1. 父母性格的影响

父母个性的相映成趣对孩子个性的形成、发展和丰富具有积极的促进作用。比如父母中有一位是黄胆质气质，另一位是黑胆质或黏液质气质，这样两种个性刚好形成互补，这样的父母一唱一和，松弛有致，孩子就能从父母的言行举止中感受到家庭的魅力、生活的乐趣、人生的幽默感。生活在这类家庭中的孩子往往会形成乐观、开朗的个性。相反，若是父母的气质类型相同（多血质还好点），要发脾气，两人大动干戈，要温柔起来，两人情意绵绵，家庭环境也形成夏日型环境：一会儿狂风暴雨，一会儿晴空万里。这样的个性组合对孩子个性的形成往往具有消极影响。他们往往对父母的行为感到不知所措，再开朗、乐观的孩子也会变成一副坏脾气，沉默、抑郁、苦恼、少年老成。

此外，父母对孩子个性的影响还表现在父母本身的个性影响力上。一般说来，多血质和黄胆质气质的父母比较能吸引孩子的注意力，这两种"外向型"的气质，极大地影响了孩子的说话方式和行为方式，从而使他们很容易形成类似父母的个性。如果父母性格比较沉郁，孩子在沉寂的家庭环境找不到多少快乐就会把目光投向外界，从周围的环境中寻找欢乐，从而丰富自己的个性内涵，使孩子在未来形成与父母相差甚远的个性。

2. 父母的教育方式、观念及态度的影响

在孩子性格的形成过程中，与爱一起发挥重要作用的，那就是教育。教育是一个权威和服从的问题，即父母怎样发挥权威和发挥什么样的权威，以及孩子怎样服从父母的权威。

父母亲的权威，在各个家庭中的表现是各不相同的。有的父母对待孩子比较专制，硬让孩子接受自己的观点，孩子如果不接受，那就非打即骂。与此相反，有的父母一切听从孩子的，孩子要什么就给什么，想怎样就怎样，片面强调孩子应该有自己的自由。有的父母对待孩子态度多变，一会儿大耍威风，一会儿又百

依百顺。

不过，研究发现：家长教育观念的正确与否，决定家长对儿童采取何种教育态度与方式，而家长的教育态度与方式又直接影响着儿童的发展，特别是性格的形成与发展。有许多心理学家对父母的教养态度与方式对子女性格的影响进行了研究，其结果表明在父母不同的教育态度与方式下成长的儿童，其性格特点有明显的差异，现概括为下表：

父母的教育方式及态度与子女所形成的性格示意表

	父母的态度与方式	相应形成的子女的性格
1	支配性的（命令式）	依赖性，服从，消极，缺乏独立性
2	溺爱的（百依百顺）	任性，骄傲，利己主义，缺乏独立精神，情绪不稳定
3	过于保护的	缺乏社会性，任性，依赖，被动，胆怯，深思，沉默的，亲切的
4	过于严厉的（经常打骂）	顽固，冷酷，残忍，独立的；或怯懦的，缺乏自信心、自尊心，盲从，不诚实
5	民主的	独立的，协作的，社交的，亲切的，天真的，有毅力和创造精神，直爽，大胆，机灵
6	忽视的	妒忌，情绪不安，创造力差，甚至有厌世轻生的情绪
7	父母意见分歧的	易生气，警惕性高的；或两面讨好，好说谎，投机取巧

3. 在家庭中的地位及角色的影响

孩子在家庭中所处的地位及扮演的角色，也会影响其性格的形成与发展。如父母对子女不公平时，受偏爱的一方可能有洋洋自得、高傲的表现，受冷落的一方则容易嫉妒、自卑。

艾森伯格研究认为，长子或独生子比中间的孩子或最小的孩子具有更多的优越感。孩子在家庭中越受重视，其性格发展越倾向自信、独立、优越感强。如果其地位发生变化，原有的性格特征往往会随之产生不同程度的变化。例如，在一个家庭中，由于从童年起姐姐就担当保护和照顾妹妹的责任，那么，姐姐就会处事果断、主动勇敢，而妹妹则较为顺从、被动。再如，一个家庭将儿子当作女儿来对待和教育，那么，这个男孩往往会形成温顺、细腻、柔和的女性化性格。

孩子作为家庭的一分子，在家庭中的地位及角色又会直接或间接地反映到家庭氛围中来。一般来说，在气氛很好的家庭，即父母和子女相互信赖、相互爱护，相处得如同朋友一般的家庭中长大的青年，大多数人的性格表现出沉着稳定、善于适应和独立性强的倾向。而在那些乱七八糟、纷争频频的家庭中长大的青年，则大多数适应性很差，经常会捅出各种娄子来。

由以上三方面，我们不难看出家庭对于一个孩子性格的形成具有多么重大的意义。所谓"成功的父母是孩子的明天"，这样的例子在我国历史上并不少见。古代杰出的土木建筑大师鲁班的母亲也是一位出色的木匠，鲁班受其母亲的影响，从小对斧头、锯子等感兴趣。他成了大建筑师后，母亲仍是其重要的帮手。每次鲁班用墨斗放线时，母亲就拉着墨线的一端。有一次墨线突然卡在了木缝里,母亲突然得到了启示:如果有一个钩固定在一端将墨线钩住,不就可以腾出手来干别的活了吗?母亲将想法告诉了鲁班,鲁班很快做好了这种钩。人们为纪念发明家的母亲,就将这个钩称为"班母"。鲁班在其母亲的言传身教下,又相继发明了许多木工工具,这其中有其母亲不小的功劳。

在人生的过程中,家庭是子女最早接触的教育环境,父母是子女最早接触的教师,因此父母的性格对子女最具潜移默化的影响。

教育——重塑你的性格

随着孩子年龄的增长,除了早期的家庭为主的教育方式以外,学校作为一种被普遍认同的社会教育方式,将在儿童性格的形成阶段起主导作用。学校将根据某些具体的教育目的对学生施加有目的、有系统、有计划的影响,让学生在日常的学习、生活及其他活动中受到影响。

1. 班集体的影响

学校的基本组织是班集体,优秀的班集体会以它正确而又明确的目的、对班集体成员严格而又合理的要求、自身强大的吸引力感染着集体成员,充分调动所有成员的主动性、自觉性,从而促进学生良好性格的形成。与此同时,通过同学之间的交往,增强了学生的责任感、义务感、集体主义感,学生学会了互相帮助、团结友爱、尊重他人、遵守纪律，也培养了学生的乐观、坚强、勇敢、向上等优秀品质。优秀的班集体还可以使学生的一些不良性格得以改变。日本心理学家岛真夫曾挑选出在班集体里的8名学生担任班级干部，并指导他们工作。一学期后，发现他们表现得有自尊、有责任心，整个班级的风气也有所改变。

一个好的班集体固然能为孩子形成一个良好的性格提供一个良好的氛围，但对于作为教育的主导——教师来说，他们更是对学生性格的形成起到了直接而关键的作用。

2. 教师的影响

教师是直接与学生进行接触的主体，其一言一行都可能对学生产生深远的影响。

放任型：表现为不控制学生的行为，不指导学生学习。学生则表现为无集体意识、无团体目标、纪律性差、不合作。这样的学生往往容易形成散漫、懒惰的性格，若任其发展，最终可能会导致极其不良的放纵性格。

专制型：表现为包办学生的一切学习活动，全凭个人的好恶对学生进行赞誉、贬损。学生则表现为情绪紧张、冷漠、具有攻击性、自制力差。这样的学生往往容易形成依赖、压抑的性格，也很有可能会形成另一反面——叛逆的性格，甚至会存有报复心。

民主型：表现为尊重学生的自尊心和人格。学生则表现为情绪稳定、态度积极友好、开朗坦诚、有领导能力。这样培养出来的学生往往具有良好的心态，易形成积极乐观、豁达宽容、坚韧友善的性格，为未来的成功打下基础。

因此，学校的教育对于每一个人的一生来说都是极其重要的，因为人的性格的形成时期恰好是我们在学校接受教育的时期。一个好的学校、好的老师、好的教育体系与教育制度都将对孩子性格的形成产生重大的影响。

环境——"时势造英雄"

人生来就不是孤立的，人总是生存在这样或那样的环境中，这个环境就包括自然环境和社会环境，尤以社会环境为主。自然环境对人的性格形成的影响主要体现在地域、民族两大方面，我们常常会对各地的人进行分析，不同地域的人有着不同的性格。而民族环境不同也会影响到个体性格的不同。而对人的性格起主要作用的社会大环境则更为复杂。想必大家都听过"孟母三迁"的故事，这其中就体现了社会环境对一个人的性格的影响。

孟子（公元前372年~前289年），名轲。战国时邹（今山东邹县）人。他主要活动于战国时期的梁惠王、齐宣王时代，是我国古代伟大的思想家、政治家和教育家。

孟子本为贵族后裔，到他父亲那一代，家境就已衰落了。孟子很小的时候，父亲就得病死了，他是母亲一手抚养大的。孟母是一个有知识、有教养、很能干的女人，一心想把孟子培养成人。

开始，孟子家距墓地很近，他常和邻居的孩子们一起到墓地里去看热闹，也许是看得太多了，他也和小朋友们一起玩起给死人送葬一类的游戏来。孟母知道以后，觉得这种地方不能让孩子来，对孩子的成长没有好处。于是，第二天孟母收拾好家里的东西就搬家了。

他们母子二人搬到一个闹市附近住下来。这个市场人来车往，每天从早到晚叫卖声、吵嚷声不绝于耳，时间一长，孟子又学起那些小商小贩的吆喝声来了。孟母觉得这种环境也不利于孩子成长，便再次搬家。

这回，他们搬到一个学堂附近住下来，那些来学堂读书的人个个斯文，讲礼貌，见面时或作揖或鞠躬。日子长了，孟子就照着那些读书人的样子拿书来读，和人见面时也仿照那些读书人行礼作揖，变得非常懂事有礼貌。孟母看在眼里，喜在心头，觉得这个地方对孟子的成长大有帮助，于是就一直住下。

后来，孟子一天天长大了，到了上学的年龄，孟母就把家中节约下来的钱给他交了学费，送他到学校读书。起初，孟子还很用心读书，可时间长了，就有些松懈了，有时孟子还偷偷逃学，后来被孟母知道了。有一天，天黑了，玩了一整天的孟子回到家里，一进门看到火炉也没有点着火。孟子感到情况有些不大对头，他慌忙低着头准备从母亲背后绕过去回到自己的小屋里。他刚走到屋门口，被母亲厉声叫住了。他见母亲站起身来，满脸气愤，又走到厨房拿出一把菜刀朝织布机上的布刷地一下砍了下去，将那块还没有织好的布一下子砍成两截。孟母用颤抖的手指着被砍断的布对孟子说道："你也太没出息了！一个人如果没有志气，做什么事总是半途而废，跟这没织好的布有什么区别呢？假若你再逃学,不求上进,我就不要你了。"孟母说得很伤心,并掉下泪来。孟子是个孝子,他最怕母亲伤心难过。他知道自己做错了,急忙认错并保证今后一定努力学习,不惹母亲生气。从此以后,孟子发奋苦读,博览群书,终于成为志向远大的学者,名扬四方。

试想:倘若孟母不注重环境对孩子性格的影响,不曾三次搬家,可能孟子今天就不会被写在历史书上了,他也许充其量只不过是一个沿街叫卖的小商小贩,也就更不会有影响中国 2000 多年的思想精华。因此,一个良好的环境对一个人的性格的形成具有重大的作用,我们每一个人都应该注重环境的改造,使之能更加有利于造就和发展每一个人的良好性格。

生活中还有许多环境影响性格的例子:贫苦人家的孩子懂事早,比别的同龄孩子早成熟,这是由于"穷人的孩子早当家";某些才能卓越的孩子是由于他们自小就生活在一个有助于他们发展特殊才能的家庭环境中,如天才的音乐家莫扎特,他出生在奥地利的一个富裕家庭,他的父亲就是一位音乐教师,并且从小就受到了来自家庭的良好的音乐熏陶,进而让他对音乐产生了浓厚的兴趣,并最终成为有名的音乐家。

生活中,我们可能还有这样的经验,那就是一个从小生活在优裕环境中的人,由于他从来不为一些日常小事发愁,所以很容易形成一种大度豁达的性格,不会斤斤计较,什么事都放得开,且有一种包容的气度。我国书法家启功先生就具有这样的性格。在书香门第中长大的孩子,举手投足之间都会透出一种温雅的气质,农村来的孩子其性格中的朴实与憨厚也是掩盖不住的。有良好家教的孩子待人接物有礼有节，对待老人尊敬有加；相反，从小娇生惯养的孩子则可能显得骄横跋扈，让人难以接近。这些都是环境对人的性格产生作用的有力实证。

因此，创建一个良好的生存环境对我们形成、改造、完善自身的性格是必要的，一个好的环境能影响一个人一生的性格。

第三节　性格决定命运

在我们的现实生活中，人与人之间存在着巨大的差异：有的人能历尽艰难最终成就一番事业，而有的人则半途而废；有的人喜欢刺激的攀岩，而有的人则喜欢安全的慢跑；有的人向往轰轰烈烈的爱情，而有的人则追求平实的婚姻；有的人选择浪漫，而有的人则选择稳定。在人的一生中，除了机遇和才华，我们回头看一看就会发现，其实，一直在左右我们命运的，正是我们的性格。

怎样的性格决定怎样的命运

约翰·梅杰被称为英国的"平民首相"。这位笔锋犀利的政治家是白手起家的一个典型。他是一位杂技师的儿子，16 岁时就离开了学校。他曾因算术不及格未能当上公共汽车售票员，饱尝了失业之苦。但这并没有击倒年轻的梅杰，这位信心十足、具有坚强毅力的小伙子终于靠自己的努力战胜了困境。经过外交大臣、财政大臣等 8 个政府职务的锻炼，他终于当上了首相，登上了英国的权力之巅。有趣的是，他也是英国唯一领取过失业救济金的首相。

正是这种不屈不挠、自信坚强的性格让他凭着自己的努力，从一个领救济金的人最终成为英国的首相。

在我们的生活中，还有一个活生生的例子，那就是感动过无数人的张海迪。她之所以能感动无数人，不仅仅因为她的成就，更因为她同时还是一个残疾人。

多年以来，曾动过3次大手术，摘除了6块椎板，严重高位截瘫，自第二胸椎以下全部失去知觉的张海迪，以保尔·柯察金的英雄形象鼓舞自己，凭惊人的毅力忍受着常人难以想象的痛苦，同病残做顽强的斗争，同时勤奋地学习，忘我地工作。她自修了小学、中学的主要课程，自学了英语、日语、德语等外语，翻译了近20万字的外文著作和资料。她还自学了针灸，并阅读了大量的医学专著，免费为病人诊断疾病。1992年，她获中国作家协会"庄重文学奖"，1994年获全国奋发文明进步图书奖长篇小说一等奖，1993年获吉林大学哲学硕士学位。

对于一个残疾人来说，能取得比很多正常人更大的成就，她靠的就是性格带给她的力量。

好的性格能让人无论顺境逆境都能积极面对，不懈地努力，并最终取得成功。相反，不良的性格往往会在关键时刻毁掉一个人的一生，进而造成悲剧性的结局。

韩信虽为一代名将，其性格却优柔怯懦。"胯下之辱"虽表现出了他的隐忍，同时也表现出他的怯懦，倘若不是如此，他就不会惧怕刘邦，而会果断地反刘自立。

韩信其实不能忍。母亲的几句话，他就容忍不下，羞惭得无地自容,倘若能忍,何至于此?开国之后,刘邦对他一贬再贬,他便忍耐不住了,怨声载道。倘若他真能忍住,断不会招来杀身之祸。

韩信不敢反,又不愿忍,在优柔寡断中失去了一次又一次的机会。

也许,对于优柔性格的韩信来说,最理想的行为方式,就是让别人先反,自己在一旁优柔地观看,败则与己无关,胜则乘势而起。韩信确实这样做了,他让陈豨起兵,自己则优柔观望。然而,刘邦和吕后却不优柔,他们快刀斩乱麻地处决了韩信。

韩信在优柔中被杀,其实他并没有真反,而只是在犹豫,他是被硬拉上刑场的。我们不知是否直到临死那一刻,他才真正不再优柔。

在历史上,因性格上的缺陷而毁掉大好前程的又何止韩信一人呢?中国历史上第一位集大学者、大权谋家、大政治家于一身的李斯,作为秦国丞相曾经大红大紫、权倾一时,但最终他被腰斩于咸阳街头,全家老少都被杀害。李斯的一生是秦国政治的真实写照,也是他自身个性使然。

李斯出生于战国末年,是楚国上蔡人。少年时家境贫寒,年轻时曾经做过掌管文书的小官。

有一天,李斯上厕所,看到老鼠偷粪吃。老鼠又小又瘦,见人来就惊慌逃窜。过了不久,李斯又在国家的粮仓里看到老鼠在偷米吃。这些老鼠又肥又大,看见人来,不但不逃避,反而瞪着眼,很神气的样子。李斯觉得很奇怪,仔细一想,他悟出一个道理:又瘦又小见人就逃的老鼠是无所凭借;而又肥又大见人不逃避的米仓老鼠是有所凭借而已。

为了能做官仓里的老鼠，求得荣华富贵，李斯辞去了小吏的职务，前往齐国，去拜当时著名的儒家学者荀子为师。李斯十分勤奋，同荀子一起研究"帝王之术"，即怎样治理国家，怎样当官的学问。学成之后，他便辞别荀子，到秦国去了。由于李斯才华横溢，并且提出了许多治理国家的好建议，很快得到了秦始皇的重用。

韩非是李斯的同学，他们同在荀子门下求学。韩非著作极丰，秦王感叹道："我若能见到此人，和他交游，死而无憾。"

后来韩国在国势危急之际，起用韩非，让他出使秦国。李斯知道韩非的才能在自己之上，出于嫉妒，他对秦王说："韩非是韩王的亲族，爱韩不爱秦，这是人之常理。"

秦王说："既然不能用，那就放走吧！"

李斯希望赶尽杀绝，他对秦王说："如果放他回韩国，他定会为韩王出谋划策，对秦国十分不利，不如在他羽翼未满之时将他杀掉。"

秦王听信了李斯的话，赐给韩非毒药，令他自尽，就这样，李斯除掉了他的对手。

而后，秦王统一了中国，李斯也升为丞相，职位越来越高，权势也越来越大。

公元前210年，秦始皇病逝，以赵高为首的旧贵族意欲立胡亥为帝，而要立胡亥为帝，就必须通过李斯。李斯身为丞相，掌握着最高权力，没有李斯的同意，胡亥是当不了皇帝的。当时，李斯是可以揭露赵高、粉碎其篡位阴谋的唯一的人，但是，由于李斯软弱、妥协，贪恋已有的荣华富贵，他没有这样做。赵高抓住李斯的弱点，用高官厚禄去引诱李斯，李斯听信了赵高，对赵高的阴谋未进行及时的揭露和制止。

胡亥继位以后，赵高便开始陷害李斯，最后使忍无可忍的李斯到秦二世面前揭露赵高的罪行，但秦二世非常信任赵高，并告诉了赵高。赵高进一步诋毁李斯："李斯最嫉恨的就是我，我一死，他就可以谋反了。"秦二世听后，立即把李斯逮捕入狱，并派赵高负责审讯。

李斯被套上了刑具，关进了监狱，并受严刑拷打、百般折磨，经过十余次的审讯，他忍受不了痛苦，只好供认了"谋反"的"罪行"。被判处死刑。

李斯的悲剧结局，固然与当时的局势有关，但也与他的个性不无关联。他的"老鼠哲学"，注定他是一个贪婪的人。为了自己的荣华富贵，他可以除掉他的同学韩非，甚至不惜帮助赵高实施阴谋，最终走入了赵高的陷阱，落得身首异处的可悲下场。可谓咎由自取，怪不了别人。

性格是可以改变的

性格特征的形成，在很大程度上取决于遗传。生来就神经过敏的人与普通人相比，大都容易产生感情和情绪的反应，而且常常表现为感情用事，难以控制自己。那些感觉敏锐的人，也容易产生不安和恐怖的情绪，这在很大程度上也是由遗传性自律神经系统的生理过程所造成的。另一方面,性格特征的形成还取决于环境因素——从所处的环境中学来的。

因此,性格特征就"生来具备"而言,在一段相当长的时间里基本上不会发生什么变化,或者说由于形成得早,所以变化极其有限;而就"受环境影响"和"人在不断地趋于成熟"而言,则是会发生变化的。这正如水流经过管道的时候,它的形状就是管道的形状;生命流经个体的时候,它的形状就是个体思想的形状。

相传,在古印度有这样一个故事:有一段时间,地球上所有的人都是神,但人类是如此罪恶并滥用神权,以至于梵天——众生之父,决定剥夺人类的神性,并把它藏到人们永远也不会重新发现的地方,以免他们滥用它。"我们将它深埋在地下。"其他神说道。"不,"梵天说,"因为人们会挖掘到地层深处并发现它。""那么我们将它沉入最深的海。"其他神说道。"不,"梵天说,"因为人们会潜到海底发现它。""我们将它藏于最高的山上。"其他神说。"不,"梵天说,"因为人类总有一天会爬上地球的每座山峰,捕捉到神性。""那我们实在不知道应把它藏在哪儿,人类才不会发现它。"其他神说道。"我告诉你们,"梵天说,"把它藏在人类身上,他们绝不会想到去那里寻找。"诸神赞成。

因此,我们每一个人只要从自身出发,找到藏在"自身"的神性,并用它来改造和完善我们的性格,那么,我们也将变得更完美。

俗话说:江山易改,本性难移。其实并不尽然。人的本性是比较难改,但并不是不能改变的。民族英雄林则徐为了改掉自己急躁的性格，曾在书房醒目处挂起自己亲笔书写的"制怒"的横匾，以此自警自戒，陶冶自己的情操。美国人本杰明·富兰克林也并非生来就具有完美的性格，在当时就有人曾批评富兰克林主观傲慢，他认真反思后，给自己立下了一条规矩：绝不正面反对别人的意见，也不准自己武断行事。他还给自己提出了具体改正的要求，以克服自己性格中的缺陷，这也正是他成功的一个秘诀。

其实，我们每一个人的性格中都有优点和缺点，但总是有很多人把自己性格上的弱点当成自己不成功的借口，拒绝跳出自己编制的网。我们往往忽视了我们完全可以通过改变自己的性格来重塑我们的人生，并取得成功。所以，我们必须学会突出自己的优势，改变性格中的缺陷，再加上自己的智慧和努力，相信成功很快就在眼前了。

命运掌握在自己手里

有一天，苏东坡和佛印两个人在杭州同游，两人信步走到了天竺寺。苏东坡看到寺内的观音菩萨塑像手里拿着念珠，就问佛印说："观音菩萨既然是佛，为什么还拿念珠，这到底是什么意思？"

佛印说："拿念珠也不过是为了念佛号。"

东坡又问："念什么佛号呢？"

佛印说:"也只是念观世音菩萨的佛号。"

东坡又问:"她自己是观音,为什么要念自己的佛号呢?"

佛印回答道:"那是因为求人不如求己呀!"

佛印的一句"求人不如求己"道出了命运的天机。很多时候,我们总是希望天上会掉馅饼,总是希望人生能有一个依靠,其实,很多人都不明白,生命线就在自己的手心里,人生的一切都掌握在自己的手里。只有你可以替你自己选择和决定你的人生,不要总是期待不劳而获地拥有,因此,须主动找寻出自己最合适的位置与角色,不要苦等别人的安排;既然决定了,就不再三心二意,冷静发挥百分之百的力量,以招致别人的回应。

我们想要的人生,其实就掌握在我们手中,就看我们如何去经营。

每个人都是一座金矿,每个人都有无比巨大的潜能,而挖掘者就是自己。人生的命运就掌握在自己的手中,人生成功与否由自己决定。如果明白了这个道理,我们就不会因为自己是一个穷人、是一个下层人物而怨天尤人、牢骚满腹或愤愤不平,就不会受自卑困扰、懒得行动而坐以待毙。下定决心,奋斗,拼搏,勇往直前,成功就属于自己。

有这么一个人,坚信命运掌握在自己手中,从而不断地努力,并最终把握并改变了自己的命运:

8岁时,由于家庭原因,他必须自谋生计;

21岁时,做生意失败;

22岁时,角逐州议员失败;

24岁时，做生意再次失败，并欠下一大笔债，用了17年才还清；

26岁时，伴侣去世；

27岁时，曾一度精神崩溃，卧床半年；

29岁时，候选州议员发言人失败；

34岁时，角逐联邦众议员落选；

35岁时，参加国会大选失败；

36岁时，角逐联邦众议员再度落选；

40岁时，连任众议员失败；

41岁时，竞任州土地局长被拒绝；

45岁时，角逐联邦参议员落选；

47岁时，提名副总统落选；

49岁时，角逐联邦参议员再度落选；

52岁时，当选美国第16任总统。

这个从生下来就一贫如洗，终其一生都挫折不断，两次经商均告失败，8次竞选8次落选，甚至还曾一度精神崩溃的人，就是亚伯拉罕·林肯。

一次次的失败并没有让他放弃，反而使他越挫越勇。也正是因为他坚韧的性格和不懈的努力，52岁时终于成功当选为美国第16任总统。

无论是面临生命中的任何问题抑或是面对生活中的任何困难，我们都应该牢记我们的命运掌握在自己的手中，只要我们不断地去努力，我们不仅可以改造我们的性格，更能改变我们的命运。

用性格来改变你的人生

心理学研究结果表明：一个人性格的好与坏在很大程度上对其事业成功与否、家庭生活幸福与否、人际关系良好与否起了决定性的作用。健全的个性是事业成功的基础、家庭幸福的根基、良好人际关系的基石。二十一世纪是文化科技高速发展的时代，健全的个性是通向成功的护身符。

心理学家曾一再告诫世人：改善你的个性，健全你的个性，扼住命运的咽喉，做命运的主人。要改善自己的个性、健全自己的个性，前提是要认识自己的个性，找到自己性格中尚存在的缺陷，对症下药，为明天的成功铺一块基石。

欧玛尔是英国历史上著名的剑术高手，他有一个实力相当的对手，两个人互相挑战了30年，却一直难分胜负。有一次，两个人正在决斗的时候，欧玛尔的对手不小心从马上摔了下来，欧玛尔看见机会来了，立刻拿着剑从马上跳到对手身边，这时只要一剑刺去，欧玛尔就能赢得这场比赛了。欧玛尔的对手眼看要输，非常愤怒，情急之下便朝欧玛尔的脸上吐了一口口水，想羞辱欧玛尔。没想到，欧玛尔在脸上被吐了口水之后，反而停下来，说："你起来，我们明天再继续这场决斗。"欧玛尔的对手面对这个突如其来的举动，感到相当诧异，一时间显得有点不知所措。

欧玛尔向这位缠斗了30年的对手说："这30年来，我一直训练自己，让自己不带一丝一毫的怒气作战，因此，我才能在决斗中保持冷静，并且立于不败之地。刚才，在你向我吐口水的那一瞬间，我知道自己生气了，要是在这个时候杀死你，我一点都不会有获得胜利的感觉。所以，我们的决斗明天再开始。"

可是，这场决斗却再也没有开始，因为，欧玛尔的对手从此以后变成了他的学生，他也想学会如何不带着怒气作战。

试想，如果当初欧玛尔因对手的那口口水而一剑刺向对手，那么，他肯定成不了历史上著名的剑术高手，他的剑术也会因此大打折扣。所幸的是，平时在改造自己易怒的性格上的努力最终让他不仅赢得了胜利和荣誉，更赢得了对手的友谊。

改变性格所带来的除了技艺的精湛和人际关系的和谐外，还往往能带来意想不到的商机，狮王牙刷公司的加藤信三便是很好的例子。

加藤信三是日本狮王牙刷公司的小职员。起床后，他匆匆忙忙地洗脸、刷牙，不料，牙龈被刷出血来。加藤信三不由火冒三丈。因为刷牙时牙龈出血的情况已不止一次发生过了。他本想到公司技术部大发一通脾气，但走到半路上，他努力让自己的怒火平息下来，并开始回想自己刷牙的过程，才发现自己一直都太急躁，但同时，加藤发现了一个为常人所忽略的细节：他在放大镜下看到，牙刷毛的顶端由于机器切割，都呈锐利的直角。"如果通过一道工序，把这些直角都磨成圆角，那么问题就完全解决了！"于是，加藤信三一改往日的急躁、粗心，在一次次试验后终于把新产品的样品正式向公司提出。公司迅速投入资金，把全部牙刷毛的顶端改成了圆角，很快受到了广大顾客的欢迎。加藤信三也晋升为科长，十几年后成为了公司董事长。

第二章

解开性格密码

第一节　性格分类

把性格分为外向型和内向型,是根据瑞士心理学家卡尔·古斯塔夫·荣格的学说来区分的。荣格在谈论人的性格时,认为每个人都有一种"精神的能量"。如果这种精神的能量所处的趋向是向外的,产生性格则为外向型;如果这种精神的能量趋向是向内的,产生性格则为内向型。这就形成了外向型和内向型性格。

性格的两种基本分类:内向型和外向型

这两种相反的倾向常常同时存在于一个人的性格中。哪一种是优势,则外在表现为哪一种。例如:有的人一向开朗活泼,社交广泛,善于言谈,总是人群中的核心人物,但偶尔在几个人的时候,他会很沉默。我们并不能因为他偶尔的沉默而否定他开朗的性格。

尽管在不同环境里可以表现出性格的不同侧面,它仍然不会背离一个人的主导性格。

性格是一个人内在特质和外在行动的综合表现,也是一个人区别于其他人的本质特征之所在。

一般来说,性格内向的人能够独立自主,对工作认真负责,能按照自己的想法去做事,不轻易以偏概全,不冲动行事;在与外界交往的过程中,注重事物的内在变化。但也有不足之处,他们对外在环境了解不多,常常掩饰自己,易被他人误会,不喜欢工作被打断。这类人适合做钢琴师、诗人、心理学家。性格外向的人善于利用外在环境资源,乐于与他人交往,个性较开放,属于行动派,易被他人所了解。其不足之处是,不够独立,喜欢变化,比较浮躁。这类人适合做导游、公关。

其实不管是外向型,还是内向型,都可以成为一个优秀的人。下面进行一项测试,看你是属于哪一类型的人。

以下是测试你是属于内向型性格还是外向型性格的试题,请根据自己的实际情况做出回答,符合的则在该问题后面的括号内画"√",难以回答的则画"△",不符合的则画"×"。

1. 你与观点不同的人也能友好往来。　　　　　(　)
2. 你读书较慢,力求完全看懂。　　　　　　　(　)
3. 你做事较快,但较粗糙。　　　　　　　　　(　)
4. 你不敢在众人面前发表演说。　　　　　　　(　)
5. 你能够做好领导团体的工作。　　　　　　　(　)
6. 你常会猜疑别人。　　　　　　　　　　　　(　)
7. 受到表扬后你会工作得更努力。　　　　　　(　)
8. 你希望过平静、轻松的生活。　　　　　　　(　)
9. 你经常分析自己、研究自己。　　　　　　　(　)
10. 生气时,你总是不加抑制地把怒气发泄出来。(　)
11. 在人多的时候和其他场合你总力求不引人注意。(　)

12. 你不喜欢记日记。　　　　　　　　　　（　　）
13. 你待人总是很小心。　　　　　　　　　（　　）
14. 你是个不拘小节的人。　　　　　　　　（　　）
15. 你从不考虑自己几年后的事情。　　　　（　　）
16. 你常会一个人想入非非。　　　　　　　（　　）
17. 你喜欢经常变换工作。　　　　　　　　（　　）
18. 你常回忆自己过去的生活。　　　　　　（　　）
19. 你喜欢参加集体娱乐活动。　　　　　　（　　）
20. 你总是三思而后行。　　　　　　　　　（　　）
21. 你肚里有话憋不住，总想对人说出来。　（　　）
22. 你常有自卑感。　　　　　　　　　　　（　　）
23. 你不大注意自己的服装是否整洁。　　　（　　）
24. 你很关心别人对你有什么看法。　　　　（　　）
25. 和别人在一起时，你的话比别人多。　　（　　）
26. 你喜欢独自一个人在房内休息。　　　　（　　）
27. 你的情绪很容易波动。　　　　　　　　（　　）
28. 你用金钱时从不精打细算。　　　　　　（　　）
29. 对陌生人你从不轻易相信。　　　　　　（　　）
30. 你几乎从不主动订学习或工作计划。　　（　　）
31. 你不善于结交朋友。　　　　　　　　　（　　）
32. 你的意见和观点常会发生变化。　　　　（　　）
33. 你很注意交通安全。　　　　　　　　　（　　）
34. 看到房间里杂乱无章，你就静不下心来。（　　）
35. 旁边有说话声或广播声，你就无法安静下来学习。（　　）
36. 你讨厌工作时有人在旁边观看。　　　　（　　）

37. 你始终以乐观的态度对待人生。　　　　（　）
38. 你总是独立思考问题。　　　　　　　　（　）
39. 你不怕应付麻烦的事情。　　　　　　　（　）
40. 你的口头表达能力还不错。　　　　　　（　）
41. 你是个沉默寡言的人。　　　　　　　　（　）
42. 在一个新的环境里你很快就能熟悉了。　（　）
43. 要你同陌生人打交道，常感到为难。　　（　）
44. 你常会过高地估计自己的能力。　　　　（　）
45. 遭到失败后你总是忘不了。　　　　　　（　）
46. 你很注意同伴们的工作或学习成绩。　　（　）
47. 比起读小说和看电影来，你更喜欢郊游与跳舞。（　）
48. 买东西时，你常常犹豫不决。　　　　　（　）
49. 你喜欢和小动物在一起胜过与人在一起。（　）
50. 你很容易去原谅别人。　　　　　　　　（　）

计分方法：

　　题号为奇数的题目（如1，3，5，7……），答案为"√"各计2分，答案为"△"各计1分，答案为"×"各计0分；题号为偶数的题目（如2，4，6，8……），答案为"√"各计0分，答案为"△"各计1分，答案为"×"各计2分。最后把各题分数相加，再查评分表，你就可以了解你的性格属于哪种类型了。

计分结果：

1.0～19分，性格内向型。

2.20～39分，性格偏内向型。

3.40～59分,性格中间型。
4.60～79分,性格偏外向型。
5.80～100分,性格外向型。

一般而言,内向型的人通常比较自恋、感情丰富、第六感发达,为人处世多半会先想到自己,用自己的想法解释外界事物。有时因不善与人沟通协调,不愿意对别人让步,其结果会使得他们与众人形成对立。只有少数几个知心的人能够理解他们。

当然,这种类型的人在适应现实社会上,会有许多困难,他们多半不喜欢社交,朋友很少,甚至有逃避社会的倾向,对他们而言,外在的人群社会总是使他们无法接受或感到不安。这种类型的人只能在自己熟悉的环境下才能过得舒服愉快。因此,他们交往的范围非常狭窄,只局限于少数亲近的人。

总体上而言,内向型的性格一般都具有一些共同的特征,例如:重视主体性与自我、在乎自己的习惯与想法、不喜欢追随别人的想法、喜欢自我反省、欠缺果断、经常犹豫不决、需有较多的时间才能适应新环境、经常钻牛角尖地思考、放不开、不习惯与陌生人接触、对周围环境的变化观察敏锐、与人交往时倾向于采取被动的姿态、不容易结交新朋友、交友范围狭窄、亲密的朋友则深交、不希望参加社交活动、只有在很亲近的朋友面前才能放得开。

而所谓"外向",是指思考总是开放式的,喜欢与人交往。因此,外向型的人多半会关心周围的人和事物,并尝试着去掌握环境与事物的变化,是属于掌握外在且比较有行动力的类型。

对于这种类型的人而言，最重视的无非是别人怎么看待自己，以及自己如何表现才符合别人的愿望与期待。

但由于全身心只放在别人与外界上，自己内心的想法与需求便被有意无意地忽略或压抑下来，久而久之，甚至不了解自己有什么欲望或心理需求。这让他们往往没有主见，容易随波逐流。这类型的人比较易受外界条件的制约。

外向型的人由于总是把眼睛放在别人身上，因此能迅速注意并了解外界变化，采取相应措施，因此，人与人之间大多能协调，很少发生冲突或不安。不仅如此，他们能关心别人，积极地参与团队与组织活动，而且很容易被别人接受并享受群体生活的成就感。

能够适应别人、参与团队是这类人的特长。但有时太重视与别人的协调，也会有迷失自己的危险。这也正是性格外向型的人需要引起注意的地方。

外向型性格的人特征如下：能随不同场合调整自己的态度与行动方式、能经常保持对周围事物变化的注意、遇到谈得来的人就开诚布公地交往、容易接纳别人、自己一个人独处容易不安、行动快速但思考不深、很容易仓促地做决定、能迅速适应新环境、常未经评估就采取行动、喜欢积极地表达对别人的关怀、与人交往没有棱角、容易接受、社交范围广、朋友众多但容易流于酒肉之交、在众人之中不会感到不安或陌生、喜欢参加社交活动。

人的性格没有好坏、优劣之分，正如外向型性格和内向型性格都各有各的优势和劣势。如外向型的人不断以各种方式充实自己；内向型的人则习惯于保持自己的能量，有抵御外界要求的倾向。

但总体来说，外向型的人比内向型的人具有较强的优越感；内向型的人比外向型的人自卑，内心有种被压抑的感觉。但性格有发生改变的可能性，因此，对于我们而言，不管我们是内向型性格还是外向型性格，只要我们发挥自身的性格优势，改正和弥补性格劣势，就一定能打造出完善的性格，从而使我们的人生更加顺利。

四种典型性格分类

19世纪后半叶到20世纪初期，开始出现了以气质为标准来对性格进行分类的学说。被认为是近代心理学之父的恩特将人的情绪反应以"强与弱""快与慢"等二元对立的方式，配合四种气质说，道出如下的模式：情绪反应弱而快是"阳刚的多血质"；情绪反应弱而慢的是"平淡的黏液质"；情绪反应强而慢的是"忧郁的黑胆质"；情绪反应强而快的是"急躁的黄胆质"。这四种气质的特征如下。

1. 多血质

轻率、活泼、好事、喜欢与人交往，面对困难不会退缩，以及不会记恨。很容易答应别人的事情，也很容易忘了约定。有面对困难的勇气，但看事情不妙，也会开溜。能够调整自己的喜怒哀乐，随时保持心理平衡与往前冲刺的状态。一旦成功或受别人赞赏，就乐不可支……

多血质人大多是活跃的积极分子，在人际交往中，他们气质上率直坦诚的特征总是直接地表现，这可能会伤害一些人，但更能赢得许多朋友。而且他们在激烈竞争的社会中，在瞬息万变的情况下，能够施展出自己的才干。他们是充满自信的人，他们有活动能力，而且会越来越强。所以从一定意义上说，多血质人对所有的职业都具有适应性。重大局、不贪小利、不感情用事等，这都是多血质人在气质方面的长处，他们具有较突出的外向性格，适应社交性强的工作，如政治家、外交家、商人、律师等。

2. 黏液质

安静、漫不经心、散漫、邋遢、好饮食等。相对于黄胆质的人一受刺激就哇哇大叫，黏液质的人则反应非常迟钝或冷淡。不过，虽然反应及行动缓慢，这类人通常诚实且值得信任。由于个性平淡，工作缓慢，所以不太容易紧张。

黏液质的人是具有一定领袖气质的人。他们的直觉敏锐，善于处理错综复杂的人事关系，是一个不容忽视、深孚众望的、具有强烈个人魅力的人。他们大多数都能很好地利用协调性、积极性、社会性及感情稳定性表现自己的才能，发挥出卓越的能力，而且不论地位高低，都能在各自的行业中占有重要位置。因此，在实际工作岗位上，黏液质的人多数表现为精明强干。如出色的公务员、有才气的作家、头脑明晰的银行家等。但是，黏液质的人的职业选择范围不广，可以说很窄。尽管如此，他们却活跃在广泛的领域里。与多血质一样，他们对工作岗位的适应性也很强，最适合于他们的工作岗位是策划及一般事务一类。

3. 黑胆质

这类型的人比较趋向于稳重、沉郁，经常只看到人生的黑暗面。他们多半避免送往迎来的交际活动，也不喜欢和外向活泼的多血质人在一起。甚至看到别人欢天喜地乐不可支时，反而会不高兴。这类人一遇到困难常常心理失去平衡，一旦心情不高兴，便久久无法恢复正常。

黑胆质的人不擅长与人交际，不擅长与陌生人交谈。但是面对熟悉的、亲密的人，面对知己，他们会出人意料地展现他们内心真实的一面。而另一方面，抑郁质的人积极认真，努力向上，毫不懈怠，懂得埋头苦干，无论对什么职业都能一丝不苟。

因此，黑胆质的人在学者、教育家、研究人员、技术人员、医师等比较内向的职业领域里，有较强的适应性。

4. 黄胆质（胆汁质）

对于情绪的刺激非常敏感，意志力衰弱，易动摇，没有耐心，情绪忽冷忽热。他们做什么事都是三分钟热度，这类型的人不喜欢被压抑，喜怒哀乐表现得非常明显。不过，他们不论悲伤或愤怒都来得快、去得也快。一般而言，这类型的人既有热心也有爱心，做事情很有爆发力。

胆汁质的人开朗、热情，他们一般都是自来熟，但他们一般不愿在陌生人面前出现，他们只愿和相互了解的人往来，并保持真诚相待。

他们最大的气质特征是外向性、行动性和直觉性。因此，在政治家、外交家、商业家、作家、记者、设计师、实业家、护士等比较外向的职业领域里，胆汁质的人有适应性。另外，在体育界，胆汁质的人也比较活跃。

MSCP性格分类

1. 活泼型性格(S)——外向、多言、乐观

活泼型性格的优点很多，具备这种性格的人通常待人热情、性情奔放、豪迈、幽默、真诚而能言善辩。同时，他们富于浪漫情怀，天生喜欢乐趣，喜欢和人在一起。他们天生具有表演的天才，能把所有人的目光像吸铁石一样吸引过来，不管什么场合，他们永远都是人们瞩目的焦点。他们也很情绪化，感情外露；对任何东西都有着强烈的好奇心，这样就使得他们经常略显孩子气，即使年龄偏大也依然童心未泯，但这并不表示他们对工作没有热情。

活泼型性格的人在工作上也有很高的热情，工作态度很主动，好奇的性格特征使得他们在工作上富有创造性，充满干劲，同时他们热情的性格又会使他们在工作中与同事和谐相处。他们永远精力充沛、活力四射，总是自告奋勇地去做每一件事情，他们从不吝啬赞扬别人，永远学不会记恨；与人发生不愉快时，他们很快就会主动向别人示好，所以他们容易交上很多朋友。活泼

型性格的父母在与孩子相处中更是如鱼得水，他们把自己的孩子看作自己的朋友，这也让孩子们感到轻松，从而愿意与父母一起分享他们的小秘密。

活泼型性格的人总会用他们的热情和幽默带给我们欢乐；当我们心力交瘁时，他们会带给我们轻松。活泼型性格的人永远是最受欢迎的人。

但是，活泼型性格的人也有其本身所固有的缺点，他们虽然健谈，但通常也会总是叽叽喳喳地说个不停。而且，他们在描述一件事情的时候，总是喜欢"添油加醋"，似乎不说得夸张点就表达不出事情的真相。虽然他们喜欢表现自我、展示自我，但也容易以自我为中心，往往把自我放在第一位，对自己的故事津津乐道的同时常常忽视别人的感受。而且这种活泼型性格的人因其活泼好动、没有耐性的本性而养成了记忆力不好的坏毛病。他们对数字毫无概念，所以他们通常都记不住别人的电话号码和别人的名字。

活泼型的人由于性格开朗，喜欢结交朋友，因而他的朋友是很多的。但也正因为如此，活泼型的人交朋友大多随兴而至，朋友虽多，但真正称得上知心的朋友却很少。

而且，活泼型的人做事情总是很有激情地开始，但往往以没有结束而告终，这是阻碍活泼型性格的人成功的最大敌人。

2. 完美型性格(M)——内向、思考、悲观

完美型性格的人与活泼型性格的人可以说是两个不同的极端。完美型性格的人在情感方面很冷静，他们不会像活泼型的人一样情感外露，相反，他们深思熟虑、善于分析。但这并不是说他们不喜欢与人相处，只是他们对任何事情都有自己的一套标准，而且对任何事都严肃认真；他们要求事情做得有条不紊，喜欢清单、表格、数据，追求准确，有很强的责任心。

完美型性格的人在工作上喜欢预先作详细的计划，一旦开始工作就完全投入，有条理、有目标地完成，善始善终，永远不会中途放弃。而且他们很懂得善用资源，勤俭节约，讲求经济效益，用最合理的方法解决问题。他们对自己和别人都要求很高，他们注重生活细节，对生活环境很讲究，十分爱卫生、干净，将事情安排得井井有条。

在交友上，完美型性格的人和活泼型性格的人可以说是截然相反。完美型性格的人选择朋友很谨慎，他们的朋友不会很多，但只要是他们的朋友，一般都是十分知心的，可能真诚相对、相互关心。而且他们善于聆听抱怨，积极帮助朋友解决问题。在选择配偶的问题上，他们也追求完美，有着近乎苛刻的标准。完美型性格的父母对孩子有着很高的要求，他们不会像活泼型性格的父母那样把孩子看作自己的朋友，他们希望自己的孩子很出色，因此，他们一般对待孩子都较严厉。

由于完美型性格的人善于分析、勤于思考，并且制订相关的计划，目标明确，善始善终，并且高标准、严要求，因此，从某种角度来说，完美型性格的人是离成功最近的人。这也正如亚里士多德说："所有天才都有完美型的特点。"

当然，任何性格都不是完美的，完美型的性格也存在自身的不足，由于他们不想让自己太激动，很难让人看出是喜是悲。他们总是显得很阴沉，没有活力，使身边的人也觉得很沉闷。由于他们过分地注重细节，并且非常敏感，在现实生活中，他们极易受到伤害。与此同时他们又具有悲观主义的人生观，对自己和他人及一切事物的要求非常之高，这往往带给他们身边的人巨大的压力，从而他们对自己也过分苛刻。正因为他们的完美主义倾向，他们总是得不到满足，内心十分痛苦，并且缺乏安全感。

3. 力量型性格 (C)——外向、行动、乐观

具有力量型性格的人天生就具有领导者的气质，在工作上他们总是显得精力充沛，充满自信；他们意志坚决、果断，一旦认准目标就绝不放弃；他们不易气馁，总是信心百倍地将事情继续下去，并且不允许有任何的差错；他们是天生的工作狂，有很强的行动力，设定目标后，就迅速地将全部身心投入到工作中。同时，力量型性格的人善于管理，能综观全局，知人善任，合理地委派工作，寻求最实际、最合适的解决问题的方法。

在交友方面，由于这种性格的人总是自信满满，而且特立独行，再加上他们天生的领导才能，所以他们往往不大需要朋友；另外，由于他们自信的本性，他们往往有点自以为是，听不进别人的意见，所以不大容易交上朋友，因为没人能容忍他们自大的秉性。力量型性格的父母在家庭里可以说是个独裁者，他们说一不二，设定目标，督促全家人行动，像一个领导者一样有条不紊地管理着整个家庭的日常事务。

力量型性格的人永远充满动力，他们会充满理想，勇于攀登高不可攀的顶峰。这些性格特质往往使他们在自己所选择的职业

中达到顶峰。

力量型性格的人正因为力量太强,所以总想控制别人,这会造成许多人的反感。而且,他们永远高高在上,俯视别人的生活,爱指使别人,认为不用他们的方法看待事物的人都是错误的,别人若是犯一点点的错误,他们便不能接受。所以他们希望身边的每个人都听他们的指示,受他们的支配。最让人忍受不了的是:他们从来都不主动道歉,即使他们错了,他们也由于过分自信而拒不道歉,在他们眼中,错误是不可能发生在自己身上的。

4. 和平型性格(P)——内向、旁观、悲观

和平型性格的人在情感方面显得很低调,总是一副很平和、镇静、坦然自若的样子,对任何事情都很有耐心,对任何情况都能适应。他们性情善良,总是善于隐藏自己内心的情绪,总能平静地接受命运的安排;他们很细心,做任何事情都很周到,绝对不会让别人受到冷落;他们有着一成不变的生活模式,在工作上他们也喜欢从事自己很熟悉或者很熟练的工作,不会轻易变换工作;由于与他们相处没有任何压力,因此,他们具有很强的亲和力;他们善于调节问题,有一定的行政能力,不是雷厉风行的领导者,但绝对是平和、给人亲切感觉的、可信任的上司。

在交友方面,由于他们是很好的倾听者,对朋友有爱心,所以他们有很多的朋友。但与活泼型性格的人不同的是,和平型性格的人永远是付出较多的一方,他们喜欢静静地站在一旁给处于劣境中的朋友中肯的建议;这让其他性格的人都愿意找和平型性

格的人做朋友。和平型性格的父母可以说绝对是好父母，他们对待孩子不急不躁，很有耐心，他们不容易生气，对于孩子的错误他们也很宽容。

但是，和平型性格的人最大的缺点是没有主见。他们往往因为害怕对事情负责而拒绝做决定，而且他们对任何事情总是显得没有魄力和热情，因为他们害怕变化的结果可能会更糟而宁愿保持现状。也正是因为他们一成不变，因此，他们往往缺乏创新，对自己承诺的事也不会特意花时间去做。

由于他们的性格让他们不愿去伤害别人，因此，他们总是会去做他们并不喜欢的事情，在别人眼里永远是一个"老好人"。但事实上，他们也将违背自己的意愿。

可以说，活泼型、完美型、力量型和和平型这四种性格无好坏优劣之分，各有各的优点和缺点。而且，这四种性格之间相互补充，都能积极发挥各自性格的长处，用别的性格的长处来弥补自身性格的短处则会产生意想不到的良好效果。相信大家都很熟悉我国四大名著之一的《西游记》吧！其中的四个主角——猪八戒、唐僧、孙悟空、沙僧的不同性格演绎出来的不同形象一定给你留下了深刻的印象吧！唐僧师徒四人之所以能历尽千辛万苦取回真经，在很大程度上源于这支取经队伍成员性格的黄金组合，即猪八戒的活泼型＋唐僧的完美型＋孙悟空的力量型＋沙僧的和平型。在这样的组合之中，这四个人物各自发挥自身性格的优势，同时相互之间互补性格的劣势，这便使得整个队伍中的性格劣势在互补的作用下降到最低，而性格优势则在不断的联合下大大加强。这样几乎接近完美的性格组合的团队不取得胜利才怪呢!

红、蓝、黄、绿四色性格分类

随着性格研究的不断深入,在MSCP四种性格分类后,又出现了与此相关的用色彩来对性格进行分类的方式,但这并不是近代人的发明创造,而是根据卡尔·古斯塔夫·荣格的研究进行升华的结果。做以下30道测试题,你将知道你是哪种色彩的性格。请在符合你的选项上打"√",均为单选,每题计1分。

1. 你如何看待你的人生:
   A. 希望能够有尽量多的人生体验,所以会有多元化的想法。
   B. 在小心合理的基础上谨慎确定目标,一旦确定就会坚定不移地去做。
   C. 取得一切有可能的成就。
   D. 宁愿剔除风险而享受平静或现状。

2. 你会如何选择下山路线:
   A. 好玩有趣的新路线。
   B. 安全第一,原路返回。
   C. 有挑战性的新路线。
   D. 怕麻烦,原路返回。

3. 通常在表达一件事情上,你更看重:
   A. 说话给对方留下的强烈印象。

B. 说话表述的准确程度。

C. 说话所能达到的最终目标。

D. 说话后周围的人是否觉得舒服。

4. 你的内心更倾向于：

   A. 刺激。　B. 安全。　C. 挑战。　D. 稳定。

5. 你觉得你的情感更倾向于：

   A. 情绪多变，经常波动。

   B. 表面上自我控制能力强，但内心感情起伏极大，一旦挫伤便难以平复。

   C. 感情不拖泥带水，较为直接，只是一旦不稳定，容易激动和发怒。

   D. 很难有情绪的波动。

6. 你认为你的控制欲：

   A. 没有控制欲，只有感染带动他人的欲望，且自控力不强。

   B. 用规则来保持你对自己的控制和对他人的要求。

   C. 内心有较强控制欲和希望别人服从你的欲望。

   D. 不会有任何兴趣去影响别人，也不愿意别人来管控你。

7. 你在与情人交往时更注重：

   A. 兴趣上的相容，一起做喜欢的事情。

   B. 思想上的相容，体贴入微，对他的需求很敏感。

   C. 智慧上的相容，沟通重要的想法，客观地讨论、辩论事情。

   D. 和谐上的相容，包容理解另一半的不同观点。

8. 在人际交往时，你：

A. 可以快速建立起友谊和人际关系。

B. 非常审慎缓慢地进入，一旦认为是朋友，便长久地维持。

C. 希望在人际关系中占据主导地位。

D. 顺其自然，相对被动。

9. 你觉得你是一个怎样的人：

A. 感情丰富的人。

B. 思路清晰的人。

C. 办事麻利的人。

D. 心态平静的人。

10. 通常你完成任务的方式是：

A. 赶在最后期限前突击完成。

B. 自己认真地做，不主动寻求别人的帮助。

C. 很早就快速完成。

D. 使用传统的方法，需要时从他人处得到帮忙。

11. 当别人惹恼你时：

A. 虽然受伤，但最终很多时候还是会原谅对方。

B. 感到愤怒，不会轻易忘记，同时以后完全避开那个家伙。

C. 会火冒三丈，并且内心期望有机会狠狠地报复。

D. 表面上似乎什么也没有发生，内心将他踢出朋友的名单。

12. 你最在意下列哪项：

A. 得到他人的赞美和欢迎。

B. 得到他人的理解和欣赏。

C. 得到他人的感激和尊敬。

D. 得到他人的尊重和接纳。

13. 你在工作中会是个怎样的人：

    A. 充满热忱，有很多的想法和创意。

    B. 心思细腻，完美精确，认真可靠。

    C. 坚强而直截了当。

    D. 有耐心，适应性强而且善于协调。

14. 你过往的老师最有可能对你的评价是：

    A. 情绪起伏大，善于表达和抒发情感。

    B. 特立独行，有时会显得孤独或是不合群。

    C. 动作敏捷又独立，喜欢独立做事情。

    D. 看起来安稳轻松，性情随和。

15. 朋友对你的评价最有可能的是：

    A. 喜欢对朋友述说事情，有较强的说服力。

    B. 总是提出很多问题，而且需要许多有说服力的解释。

    C. 直言表达想法，有时会直率而犀利地谈论讨厌的人、事、物。

    D. 通常是多听少说。

16. 你怎样去帮助他人：

    A. 有求必应。

    B. 值得帮助的人才帮助。

    C. 不轻易承诺，一旦承诺则遵守不移。

    D. 往往是心有余而力不足。

17. 你面对别人的赞美会：

    A. 有没有都无所谓，特别欣喜也不至于。

B. 不喜欢那些无关痛痒的赞美，宁可他们欣赏你的能力。

C. 有点怀疑对方是否真诚或者立即保持低调。

D. 来者不拒。

18. 你如何看待你的现状：

    A. 你觉得自己这样还不错。

    B. 这个世界不进则退，所以你需要不停地前进。

    C. 在所有的问题未发生之前，就应该尽量想好所有的可能性。

    D. 快乐最重要。

19. 你如何看待规则：

    A. 不愿违反规则，但可能因为松散而无法达到规则的要求。

    B. 打破规则，希望由自己来制定规则。

    C. 严格遵守规则，并且竭尽全力做到规则内的最好。

    D. 不喜欢被规则束缚。

20. 你认为自己在行为上的基本特点是：

    A. 慢条斯理，办事按部就班，能与周围的人协调一致。

    B. 目标明确，集中精力为实现目标而努力，善于抓住重点。

    C. 慎重小心，为做好预防及善后，会不惜一切而尽心操劳。

    D. 丰富跃动，不喜欢制度和约束，反应迅速。

21. 你如何面对压力：

    A. 化解压力。

    B. 压力越大，动力越大。

C. 将压力藏在内心慢慢融化。

D. 本能地回避压力,回避不掉就用各种方法来宣泄出去。

22. 当结束一段刻骨铭心的感情时,你会:

A. 刚开始非常难受,但时间会冲淡一切的。

B. 虽然觉得受伤,但一下定决心,就会努力把过去的影子甩掉。

C. 深陷在悲伤的情绪中,在相当长的时期里难以自拔。

D. 痛不欲生,找渠道发泄。

23. 你如何面对他人的倾诉:

A. 认同并理解对方的感受。

B. 做出一些定论或判断。

C. 给予一些分析或推理。

D. 发表一些评论或意见。

24. 你在以下哪个群体中较感满足:

A. 心平气和最终大家达成一致结论的。

B. 彼此展开充分激烈辩论的。

C. 详细讨论事情的好坏和影响的。

D. 随意无拘束地自由散漫的。

25. 你如何看待你的工作:

A. 希望没有压力,追求持久的工作。

B. 应该以最快的速度完成,且争取去完成更多的任务。

C. 要么不做,要做就做到最好。

D. 只想做喜欢的事。

26. 如果你是领导,你内心更希望在部属心目中,你是:

A. 亲近的和善于为他们着想的。

B. 有很强的能力和富有领导力的。

C. 公平公正且足以信赖的。

D. 被他们喜欢并且觉得富有感召力的。

27. 你希望别人怎样认同你：

A. 无所谓别人是否认同。

B. 精英群体认同最重要。

C. 只要我认同的人或者我在乎的人认同就可以了。

D. 希望得到所有大众的认同。

28. 当你还是个孩子的时候，你：

A. 不太会积极尝试新事物，通常比较喜欢旧有的和熟悉的。

B. 是孩子王，大家经常听我的决定。

C. 害怕见生人，有意识地回避。

D. 调皮可爱，在大部分的情况下是乐观而又热心的。

29. 你觉得你会是个怎样的父母：

A. 不干涉子女或者容易被说动的。

B. 严厉的或者直接对孩子加以管理的。

C. 用行动代替语言来表示关爱或者高要求的。

D. 愿意陪伴孩子一起玩的。

30. 你最认可下列哪组格言：

A. 最深刻的真理是最简单和最平凡的。要在人世间取得成功必须大智若愚。好脾气是一个人在社交中所能穿着的最佳服饰。知足是人生在世界上最大的幸福。

B. 走自己的路，让人家去说吧。虽然世界充满了苦难，但是苦难总是能战胜的。有所成就是人生唯一的真正的乐趣。对我而言，解决一个问题和享受一个假期一样好。

C. 一个不注意小事情的人，永远不会成就大事业。理性是灵魂中最高贵的因素。切忌浮夸铺张，与其说得过分，不如说得不全。谨慎比大胆要有力量得多。

D. 与其在死的时候握着一大把钱，还不如活着时活得丰富多彩。任何时候都要最真实地对待你自己，这比什么都重要。使生活变成幻想，再把幻想化为现实。

将你所打"√"的选项分别计分，然后按照下列提示进行计分。

前 1 ~ 15 题合计数

A 的数量	
B 的数量	
C 的数量	
D 的数量	
共计：	15

后 16 ~ 30 题合计数

A 的数量	
B 的数量	
C 的数量	
D 的数量	
共计：	15

然后将两边的数目按下列方式进行相加，这样便得出你的性格色彩得分。

红色：	前 A+ 后 D 的总数	
蓝色：	前 B+ 后 C 的总数	
黄色：	前 C+ 后 B 的总数	
绿色：	前 D+ 后 A 的总数	
总计：	30	

在整个测试中，总分中数目最大的字母代表你的核心性格，其他字母的分数则代表你整个性格中组合的整体比例，哪个字母的得分越高，表示你的性格组合中该性格的主导性越强。

1. 红色性格

可以说红色类型的人是四种性格中最有魅力的一种性格，他们总是以一种活泼外向的面貌示人，并且开朗、乐观、热情，喜欢成为公众的中心。他们往往有很多新奇的设想和主意，热衷于与别人交谈，特别是谈他们自己。其特点是好奇心重、天真、风趣滑稽、喜欢开玩笑，甚至是恶作剧、不拘小节、丢三落四，"务虚"长于"务实"，处事短于为人。

红色类型的人能说会道且乐此不疲，但通常就是纯粹聊天。他们是自然流露的乐天派，开朗豪爽、喋喋不休，但很少直截了当和咄咄逼人。

他们是一些讲故事的行家，在四种类型中，他们的声音是花样最多的，而且在他们表白个人的感情时，音调会有相当复杂的变化。他们说话可能总有一点演话剧的味道，语速快，而且常常是声音很大。"看看我！我是多么与众不同"，是你经常能从他的话里听到的潜台词。

这种性格的人很讨人喜欢，他们总是能给人带来快乐，只要有他们在的地方，就会有欢声笑语。

理查德·费曼就是一个这样的人。

理查德·费曼是美国加州理工学院物理系教授，任教约40年。20世纪30年代在普林斯顿大学毕业后，随即被征召加入制造原子弹的曼哈顿计划。费曼生性好奇，在严密的保安系统监控之下，他以破解安全锁自娱。取得机密资料以后，留下字条告诫政府小心安全。

费曼被戴森(《全方位的无限》及《宇宙波澜》的作者)评为20世纪最聪明的科学家，他的一生多姿多彩，从没闲着。他在理论物理上有巨大的贡献，以量子电动力学上的开拓性理论获诺贝尔物理学奖，在物理界享有传奇性的声誉，他的轶事也被传诵一时。他爱坐在酒吧内做科学研究，当那酒吧被控告妨碍风化而遭到取缔时，他上法庭为酒吧老板作证、辩护。

物理学家拉比曾说："物理学家是人类中的小飞侠，他们从不长大，永葆赤子之心。"理查德·费曼永不停止的创造力、好奇心使他成为天才中的小飞侠。

《别闹了，费曼先生》这本书是理查德·费曼的一本自传。书中的共同著作人拉夫·雷顿也这样评价费曼：

> 在长达7年的时间里，我跟费曼经常在一起打鼓，共度了许多美好时光，本书所搜集的故事，就是这样断断续续地从费曼口中听来的。
>
> 我觉得这些故事都各有其趣，合起来的整体效果却很惊人：在一个人的一生中居然会发生这么多神奇疯狂的妙事，简直有点令人难以置信，而这么多纯真、顽皮的恶作剧全都由一人引发，实在令人莞尔、深思，也给我们带来无限启发和灵感！

事实上，《别闹了，费曼先生》整本书就是描写一个红色性格的"成年顽童"所做的所有好玩的事！让我们来看看费曼念书的时候有多顽皮：

> 我们也常常为邻近的小孩表演魔术——利用化学原理的魔术。我这朋友很会表演，我也觉得那样很好玩。我们在一张小桌上表演，桌子两端各有一个本生灯，上面放了盛着碘的小玻璃碟子——表演时，它们冒出阵阵美丽的紫烟，棒极了！
>
> 我们玩了很多花样，像把酒变成水，又利用化学颜色变化等来表演。压轴是我们自己发明的一套戏法。我先偷偷地把手放在水里，再浸入苯里面，然后"不小心"地扫过其中一个本生灯，一只手便烧起来。我赶忙用另一只手去拍打已着火的手，两只手便都烧起来了（手是不会痛的，因为苯烧得很快，而皮肤上的水又有冷却作用）。于是我挥舞双手，边跑边叫："起火啦！起火啦！"所有人都很紧张，全部跑出房间，而当天的表演就那样结束了！

总之，红色性格的人就是这样：让你欢喜让你忧，让你爱也让你恨。

遇到麻烦时带来欢笑，身心疲惫时让你轻松。

聪明的主意令你卸下重负，幽默的话语使你心情舒畅。

希望之星驱散愁云，热情和精力无穷无尽。

创意和魅力为平凡涂上色彩，童贞帮你摆脱困境。

2. 黄色性格

黄色类型的人个性固执而刚毅，自我感觉良好，充满自信，勇于挑战，遇事善做决断，果敢而不畏风险，然而他们最缺乏耐心，心有所动则溢于言表。那些常常喜欢坐在桌子上发号施令的人，很可能就是黄色类型的人。

"她的衣着充满着强烈的色彩……言语中流露出不可阻挡的说服力，出类拔萃、坚定、果断、强硬、挑战、强烈抗议……"这是美国《时代周刊》的一篇文章，描写的是美国前国务卿奥尔布赖特。也许我们还没亲眼见过这位女国务卿，可是从这篇文章的描述来看，我们已经可以基本确定，奥尔布赖特在公众前的大部分表现可能属于黄色特征。

不仅奥尔布赖特是黄色的性格，世界上很多的成功人士，他们的性格大部分都是黄色性格，像无论是在影界好莱坞还是政坛都很出色、并且连续荣获7届"奥林匹克先生"头衔的阿诺德·施瓦辛格也是典型的黄色性格。

1997年3月1日，国际健美联合会主席把"国际健美联合会金质勋章"授予了阿诺德·施瓦辛格，表彰他为"20世纪最优秀的健美运动员"，代表健美运动史上最优秀的人。

施瓦辛格是20世纪唯一获此殊荣的人。

谁能想到，出生在奥地利的施瓦辛格，幼年竟然是个体弱多病的孩子。不过幸运的是，他从小就喜爱运动，当他发现自己真正喜爱的项目是举重后，潜心苦练长达3年，铸就了一副强壮的身板。当时，施瓦辛格的父母怕他锻炼过量，限制他去健身房的次数，但他一确定了目标就不肯再轻易更改，他说："我不能在镜子里看到自己肌肉松弛的样子，不能违反自己制订的计划。"于是，固执的施瓦辛格把家里一间没有暖气的房间改为健身房继续锻炼。坚持不懈的努力，终于使他在18岁时就获得了"欧洲先生"的称号，20岁那年，施瓦辛格更是荣获了"环球先生"。自此之后，他几乎包揽过所有世界级比赛的健美冠军，共集13个世界冠军头衔于一身，这在世界健美界是绝无仅有的。

其后他又开始了演艺生涯，一度成为美国历史上最有票房号召力的明星。现在，大名鼎鼎的施瓦辛格又成了美国加州州长，很多人说他还可能会成为美国历史上第一个非美国本土出生的总统……谁知道呢？在他的身上，什么都有可能发生。

虽然有幸运的成分，但施瓦辛格更多的是靠自己的勤奋走向成功。他有明确的目标，并且甘愿为梦想付出一切。从健美冠军到电影明星，再到加州州长，施瓦辛格用自己的传奇人生提示着人们："只要不放弃自己的追求，梦想总有实现的一天。"

然而，正如施瓦辛格的坚定一样，他的黄色性格中的固执也在他的身上体现得淋漓尽致。

在他担任加州州长后，不仅在政府事务上比较固执，在子女教育上，他也表现出了力量型父母的最主要的特点——用强硬手段来支配子女，命令他们什么该干而什么不能干。

施瓦辛格管教自己的四个儿女时，就像是他扮演的"终结者"一样，常让一家人感到心惊胆寒。

总之，黄色性格在四种性格中是最容易成功的一种性格，这与他们坚定执着、刚毅强硬等性格特征相关。总体来说，黄色性格也可用以下一段话来加以概括。

当别人失去控制正在迷惘时，他会有着坚强的控制力和决断力。在充满疑虑的前景下，他仍然愿意去把握每一个机会。

面对嘲笑,他会满怀信心地坚持真理;面对批评,他会仍然坚守自己的立场。

当我们误入迷途时,他会指明生活的航向。面对困难,他必定顽强对抗,不胜不休。

3. 蓝色性格

蓝色类型的人总是给人以矜持和沉稳的感觉,他们对自己本身也是团队的一部分这点没有太多的表现,而且总是回避风险,不管需要付出什么代价。他们是特立独行的人,他们可能比绿色类型的人更想把事情办好,但是会用比黄色类型的人更为低调一点的方式。

蓝色类型的人说话的时候措辞谨慎、语调平缓,似乎不带感情色彩,通常他们只有在自己认为必要的时候才发言。他们的声音也不会告诉你他们在想什么,你有时可能会感觉他们比较冷淡。

蓝色类型的人最突出的特征就是他们绝对是个不折不扣的完美主义者和理想主义者,他们追求完美,为人小心谨慎,擅长思考,酷爱理性分析,在乎细节,敏感但喜怒不形于色。他们做事有条不紊,讲求章法,遇事总遵循原则,但有时也会显得过于死板。

但也正是由于蓝色类型的人追求完美,有完美主义倾向,因此,他们也是四种性格类型中最接近艺术本质的性格,完美而细腻,深邃而独特。因此,蓝色性格往往是最容易造就艺术家的一个性格,在世界著名的艺术家中,不少人都是蓝色性格。

蓝色性格的人似乎天生就有一种高雅而脱俗的艺术家气质，他们总是在沉默中爆发出令人惊叹的力量。那么，就让我们用下面这一段话来概括所有蓝色性格的人，这是对他们最好的评价。

有洞悉人类心灵世界的敏锐目光，欣赏世界之美善的艺术品位。所有的天才都具有优势，有创作前无古人之惊世作品的才华。工作忙乱时入微的观察，缜密的思维，始终如一的处世目标。任何事都做得有条不紊，具有圆满成功的理想和决心。

4. 绿色性格

绿色性格的人就像绿色一样，给人一种平和而宁静的印象，就像是平静的湖面，很难激起波澜。他们一般都平和低调，无异议，少主见；慢性子，不慌不忙，极有耐心，擅长聆听而非表达；诙谐幽默；喜欢平稳的生活而不是冒险，最看重的是与他人关系的亲疏远近；他们很有人缘，注重合作，不喜欢冲突，总希望面面俱到；有时过于保守，对变革从来都不积极，乐于担当旁观者。

他们又是那种与人为善、敏感细腻的人，可能有一点缺乏主见甚至是温良恭顺。他们喜欢询问别人的观点，很少会把自己的观念强加于别人，他们喜欢稳定和被人接受。与表达相比，他们更擅长聆听。说话的时候，他们通常会用比较沉稳和平和的语调，他们的声音中不乏温情和真诚。

我们似乎总能在社会公益活动中见到绿色性格的人，他们似乎永远都是那样的平和与耐心，也许他们没有红色性格的人那么多的梦想，也没有黄色性格的人那么多的目标，但是，他们是最踏实的人，他们总能在平凡的岗位和事情中做出不平凡的成绩。特蕾莎修女便是这样一位伟大的绿色性格女性，一位伟大的"绿色天使"。

特蕾莎修女是阿尔巴尼亚人，1910年她出生在马其顿首都斯科普里城，但她一生都在印度的加尔各答为穷人服务，并且成为印度公民。

特蕾莎修女是1979年诺贝尔和平奖的获得者，她是继阿尔伯特·史怀泽博士1952年获得诺贝尔和平奖以来，最没有争议的一个得奖者，也是20世纪80年代美国青少年最崇拜的人物之一。她活着时是世界上获奖最多的人，但她从未在自己身上花过哪怕一分钱的奖金。她认为她只是穷人的手臂，她是代替世界上所有的穷人去领奖的。

特蕾莎修女除了被誉为"穷人的圣母"外，还被誉为"慈悲大使""贫民窟的守护者""行动的爱者""贫民窟的圣人""带光行走的人"等。她创建的仁爱传教修女会在她1997年去世时拥有4亿多美元的资产，世界上最有钱的公司都乐意无偿地捐钱给她；她的组织有7000多名正式成员，组织外还有数不清的追随者和义工；她与众多的总统、国王、传媒巨头和企业巨子关系友善，并受到他们的敬仰和爱戴……

但是，她住的地方，除了电灯外，唯一的电器是一部电话；她没有秘书，所有信件她都亲笔回复；她没有会客室，她在教堂外的走廊里接待所有来访者；她穿的衣服，一共只有3套，而且自己换洗；她只穿凉鞋，不穿袜子。当她去世时，人们看到她所拥有的全部个人财产，就是1张耶稣受难像、1双凉鞋和3件滚着蓝边的白色粗布纱丽——1件穿在身上，1件待洗，1件已经破损，需要缝补。

特蕾莎修女的思想核心只有4个字：爱无界限。特蕾莎修女曾经在不同的场合反复表明她的观点，她不关心政治，更不关心阶级，她只关心人，每一个具体的人，不管那是一个什么样的人。因此她对人的爱，是没有界限的——不只是超越了种族、国家，更重要的是，超越了宗教。她自己是一名虔诚的天主教修女，但她耗尽一生为之付出的人，绝大多数却都是其他宗教的信徒，或没有宗教信仰的人。她的平和宁静总能慰藉那些受伤的心灵，她的耐心足以平息人内心的仇恨，她的爱足以融化所有人心里的冰山。

可以说，将绿色性格的人称为"和平主义者"是绝对的名副其实，他们的一言一行也正体现了他们的性格，正如下面一段话所言。

稳定地保持原则，忍受惹是生非者的耐心。

当别人说话时，你会聆听；天赋的协调能力，会把相反的力量融合。

富有安慰受伤者的同情心，为达到和平而不惜任何代价。

头脑冷静，有时连你的敌人都找不到你的把柄。

荣格性格分类

著名心理学家荣格通过对内向型性格、外向型性格及性格的思维、直觉、情感、感觉四种功能进行全面的分析和研究后，将一些特殊的性格表现同心理类型结合起来，最终得出了八种性格，即外向思维型、外向直觉型、外向情感型、外向感觉型、内向思维型、内向直觉型、内向情感型、内向感觉型。

1. 外向思维型

这种类型的人，努力使自己生活在一般社会普遍承认的规范中。这些人不以自己随意的独断作为判断的基础标准，他们的判断具有客观性。他们能出色地把握各种客观的事实和条件，在深思熟虑后做出结论，并使自己的行动理性化。

这种类型的人，不仅对自己，而且在与周围人的关系方面，不论视为善恶，还是视为美丑，一切都以被赋予理性的原则作为最高标准。这种类型的人在顺应时代的潮流方面极为敏锐和出色。但是，因为过于跟随潮流，他们也给人一种极其新潮的印象。如果生活态度僵硬化，就会给人一种缺乏自由豁达的感觉。因为这种类型的人大多数位于极端之中。

这种类型的人因为思考占优势，所以，属于感情的东西被压抑，美的活动、兴趣、艺术鉴赏、交朋友等方面被阻碍和排挤。如果感情过于压抑，在无意识中的感情就会反抗，那么也许会产生连本人都不知道缘由的结果。

由于这一类型的人的理性很强，由理性来主导行动，而且看待和对待事物较为客观，因此，这一类型主要是男性，因为思维作为决定性的功能多数是男性。通常情况下，当思维在女性身上占据优势时，它来源于心灵中直觉的活动占优势地位。

通俗地讲，此类人属于行动型，在社会中容易获得成功。他们头脑灵活，适合从事政治、经济、顾问、医生等工作，也能成为官僚家。但是，他们在行恶的场所也容易犯罪。这种人想尽力摆脱主观对行动的影响。

2. 内向思维型

内向思维型的人与外向型思维的人相同，也追求理念，只是其方向相反，不是向外，而是向内。这种人善于在自己的内心构筑并发展理想的世界。总是富有积极性，不会因麻烦、危险、被视为异端或唯恐伤害别人感情等理由而停滞不前。

然而，这种人却不善于把其理想付诸于现实，很多人的实际能力不太出色。因为他们常常忽视客观存在，而是为理论而理论。其追求理想的方式是主观、固执，不接受他人的意见。

对待周围的人，只是消极地关心，甚至漠不关心。因此，别人感到自己像被讨厌者一样被他拒绝。这种人一般给周围人冷淡、任性和自以为是的印象。因为这种人对来自他人的妨碍感到不安，所以，这种人对周围的人也会表现出礼貌和亲切，其态度总让人感到生硬。

这种人容易引起周围人的误解，不擅长社交，也不知如何得到对方的好感。与他亲近的人会极其赞赏这种人的亲切态度和丰富的内心世界，但与他疏远的人，却认为这种人冷淡、难以取悦、难以接近及妄自尊大。但这种人并不是骄傲自大，在构筑内心理想方面有勇气，敢于大胆地冒险，只是在同外界现实接触时，就怯懦、不安、想法设防。不愿自我吹嘘是这种人的美德，因为他本来就不在意别人对自己的评价。但有时遇到非常理解的人，反而立即给予对方过高的评价。

一般来说，内向思维型的人的头脑非常聪明，但不是为了成就一番事业，而是为了满足内心的需要，所以在社会上并没有成功，是典型的孤芳自赏型。德国哲学家康德就属于这一类型。同外向思维型的典范——达尔文相比，前者注重主观因素，后者依据的是客观事实。康德把自己限定在对知识的评论上，而达尔文善于对极为丰富的客观现实进行探讨。在内向思维型的人看来，金钱、地位、名利不是最重要的，最重要的是自己内心的问题。这类人在数学、物理等领域能取得很大的成就。从某个角度看，这类人可能成为极富情感的人。

3. 外向情感型

外向情感型的人，女性占绝大多数，选择任随自己情感的生活方式。其情感比较顺应周围的状况，她们的价值判断也同样。例如，随他人对人或事物做出是"好"是"坏"的评价，自己一般不做出评价。所以，这种人较随和，在人群中可形成和谐的气氛。

女性最能清楚地表现这个特点的是选择结婚对象。女性在择偶时，不仅看对方的身份、年龄、职业、收入、身高、家庭环境等还要看是否符合自己的要求。与其说是自己喜好，不如说是符合社会标准。而这种类型的人，由于其情感功能占优势，所以，思考功能就被压抑。但思考功能并不是不发挥作用。只是，这种人的思考不是为思考而思考，而只是情感的附属品，是为服务于情感才发挥作用的。

如果这种类型的女性过于顺从，就会丧失情感中富有巨大魅力的个性。不仅如此，还使人感到浅薄、玩弄花招和装模作样。在第三者看来，这种人的主体性完全埋没于感情之中，刚才是这种情感，而一瞬间又变成另一种情感，难免给人见异思迁、变化无常的印象。

荣格认为，外向情感型的人善于判断周围情况，在社会上起主角的作用。不过，由于对外界过于适应，反而对自己不利。他们经历某种分化后最终与主观修饰相分离，内心变得十分冷漠。虽然有非常美好的理想，但往往还没计划好就盲目行动，所以后果不堪设想。

4. 内向情感型

这种人的感情发展程度从外部很难窥知。少言寡语，难以接近，遇到粗野的人就立即躲开。因此，在旁人看来，是沉静、彬彬有礼及性情深不可测的人，有时也被认为是忧郁的人。但如果对他人过于回避，就会被人猜测为这个人对他人的幸福和不幸都持事不关己的心态。事实上，这种人对初次见面或毫不相关的人，不会表现出热情欢迎的态度，而是采取冷淡或拒绝的态度。总之，他们对外界漠不关心。

这种人也不是没有业余爱好，或没有被令人兴奋的事情和人物所吸引的时候。这种类型的人一般采取善意的中性态度，或根据情况的变化，也表现出轻微的优越态度或批判态度。因此，给人高高在上的印象。如果是女性，即使受到激情的袭扰，她也会冷静地按捺、克制自己的激情。

这种类型的女性，想使自己与对方的感情停留在平静、均衡的状态，而禁止过于激越的感情。所以，在陷进去之后，就刹车并开始轻视对方。在这种情况下，只看这种人表面的人，就会轻易地认为这种人"冷淡"或毫无感情。但是，这种估计有些偏激，这种人只是抑制和不表露感情，而内心却蕴藏着热情。

这种人富有同情心，一旦同情某人就不是表面上的同情，而是极为深切的同情。由于这种同情过于深切，所以就像自己的事情一样感到悲哀，他们会毫不虚假地安慰、鼓励对方。但由于他们对某些人或事物什么也不表露，所以周围的人，特别是外向型的人认为这种人非常冷淡。但是，有时他们深切的同情会溢于言表，并做出令人惊奇的、崇高的或自我牺牲的献身行为。

荣格通过研究发现：女性中多出现这种明显的内向情感，用"静水则深"来形容这类女性十分贴切。许多这类女性性格文静，沉默寡言，较难接触，难以捉摸；她们往往表现出幼稚可爱或平庸的样子，显得自己毫不出众，看上去显得很忧郁。她们的主观情感掌握了自己生命的支配权，真实的动机被挡住了，所以她们显得不太真实；她们和谐的举止并不会引人特别注意，但她们富有爱心，经常参与慈善活动；她们与人相处很和睦，容易与他人产生共鸣，但不会去关心他人的感受和幸福，不想用任何方式或态度去打动、影响他人，或让其按照自己的意愿去做。

可以说，内向情感型是这八种性格中最中庸的一个，当出现某类能让人迷失或激起热情的东西时，内向情感型的人往往会采取保持中立的态度，既不肯定也不批评，有时还会用一些优越感的力量给那个导致敏感的因素一些厉害。

5. 外向直觉型

外向直觉型的人，具有把握隐藏在客观事实深处的可能性的能力。他们认为，重要的不是现实，而是可能性。所以，这种人不断地追求可能性，感到日常安定的生活环境像监狱一样令人窒息。

一旦热心于追求可能，他们就会显示异常的狂热状态。但是，一旦看到没有再飞跃发展的希望时，就立即冷淡下来，或干脆放弃。例如，对某项事业的计划简单地认为"这个计划将来有希望"，对自己的直观能力很自信，所以，就勇往直前。从这个意义上讲，他们是冒险家。当他们的事业走上轨道、趋向安定之后，一般人都认为继续从事这个事业更为安全有利，但这种人却想转向别的工作。

由于这种类型的人不尊重周围人的观点、主张和生活习惯，为此，有时被看作是不道德、冷酷、鲁莽的人。在企业家、商人中，属于这种类型的人有不少。但是，这种类型的人，女性比男性多。女性的直观活动能力，与其说是在职业方面，不如说是在社交的舞台上。这种女性具有利用一切社交的可能性，去与有势力的人熟知乃至亲密接触的能力。在选择交际或配偶方面，她们能敏捷、迅速地寻找到有前途的男性。但是，如果出现新的其他可能性时，迄今所得到的一切，她们就会全都放弃。

直觉者自认为有特殊的道德观，重视直觉的观点，并信服直觉观点的威望，不关心他人的事以及他人的想法，更有甚者对自己的安全状况也毫不关心。由于从不崇拜任何人，因此经常被认为是高傲、冷淡、失德的冒险家，这类人对外界客观事物的关心，寻找对外界的可能性，就预示着他对任何一种职业都怀有极大的兴趣，很乐意将自己全身心地投入到此项工作中，并将自己的才华运用到每个方面。他能够观察到事物本质和事物的可能性的直觉型，如果才华横溢，将会在新商机中取得成功。许多企业家、投机者、证券人、商业大亨、文化经纪人、政客等均属这类人。

但是，由于直觉是低级功能的感觉，自己反应较迟钝，因此平时不注意自身的健康，导致疲劳过度，易患心脑疾病。所以这类人不要只顾眼前而不为将来着想。

6. 内向直觉型

内向直觉的特殊性质如果处于优势，就会有一种特殊类型的人产生，也就会有神秘莫测的幻想者、预言家或幻想的狂人和艺术家出现。其中艺术家被看成是这种类型中的正常情形，因为这种类型的人有把自身局限于直觉和知觉特性之间的倾向。知觉是直觉者的主要问题，那些具有创造性的艺术家也是如此。爱幻想的狂人由于是这些灵视的观念所描绘与限制出来的，因此满足于灵视的观念。

个体与真实之间强烈的疏远是由直觉的强化所导致的，这使得他在生活圈子中变得像个"谜"一样的人。他如果是一个艺术家，就能在艺术领域创造出许多新奇古怪的作品，这些作品中既有色彩斑斓的，又有琐屑无聊的，还会有可爱的、怪诞的、狂妄的……如果他不是艺术家，将会是一个得不到赏识的天才，一个"走错路"的人，一个聪明的傻子，或是一个"心理"小说中的角色。

这个类型中直观性一般程度的人，给人不愿意与现实接触、也不努力适应现实的印象。对这种人来说，无论现实怎样都无所谓。事实上，外界的人物、事物及其他一切对这种类型的人员都不会是刺激。自己本是社会的一员，但作为社会的一员会给周围的人带来什么影响，他们对这种意识非常淡漠。所以，在外向型的人看来，这种人极度轻视世俗的事物。

一般而言，这种人给人的印象是腼腆、客气、缺乏自信、不知如何是好。与人交往时，则生硬、拙笨和不善表达，所以，显得缺乏趣味。可是，这种类型的人，与"内向感觉型"的人相同，不少人有丰富的内心世界，蕴藏着用语言难以表达的优秀品质。

7. 外向感觉型

愿意生活在现实之中，却没有支配欲望及反思倾向的人属于外向感觉型。他们希望可以经常地拥有感觉，察觉客观事物的存在，还要尽可能地享受感觉。他们具有追求欢乐的能力，注重现实带来的快感，但并非不可爱，反而是一种很好的伙伴或对象。他们是生活中的"乐天派"，视觉和味觉非常灵敏，有时是位颇具审美功底，在设计和厨艺等方面都很出色的人。很多时候，他们会把很重要的事情放在一旁，甚至可以为晚餐是否丰盛这样的问题而绞尽脑汁。

当客观事物带给他们所想要的那种感觉后，他们对那些客观事物就再也没有听下去或看下去的兴趣了。但这些客观事物必须是具体的、实实在在的，或是超越具体性的推测但能增强感觉的。有时感觉的强化并不会使他们自身愉悦，他们也并不在意，因为他们只渴望得到这种单纯的感觉，而不是官能刺激。

然而，与"外向思维型"的人不同，这种人不以原则和理念规范自己，也不追求理想。重要的是现实，热爱、喜欢现实。因此，他们非常好客，愿意热情招待，谈笑风生。约会时，不会使对方感到无聊。服装和随身用品都很讲究。但是，如果采取过于拘泥于现实的生活态度，就会给周围人留下爱讲排场、虚荣心强的印象。

一般来说，这种类型的人不把道德放在首位，这绝不是不道德。他们不要被道德之类的东西所束缚的痛苦生活，他们要活得自由奔放。但是如果无意识的反抗增强，在日常生活中，就会带有比道德、宗教更强烈的迷信色彩，或把烦琐的仪式引入生活。除此之外，还有不少人表现出极端固执的生活态度。

8. 内向感觉型

所有内向型的人都有远离外部客观世界的倾向，内向感觉型的人也不例外。他们对外界的一切事物都不在意，不管别人说什么都听不进去，只是沉浸在自己的主观感觉之中，把自己的审美意识当作人生的追求。

他们往往只关注事物的效果及自身的主观感觉，对事物的本身一点儿也不在乎。当今许多年轻人都有这一特点，无论是内向还是外向性格，感觉型的比较多。他们大多自我感觉良好，多数艺术家就属于这一类型。

荣格提出，内向感觉型是一种非理性类型。这种类型的人对偶然发生事件进行选择时，总是被所发生的事件牵引着走，而不是从理性观点上出发。从外部看，他们无法预测将有哪些事情发生，因此只有当一种与感觉力量相等的机敏表达出现时，这类人的非理性才会恍然大悟。

不善表达是内向型的人的特征之一，这一特征将被他的非理性挡在身后，然后通过冷静或消极的行为，以及对理性的自我抑制的形式来表达这种非理性。

这类人认为外部的世界与自己丰富多彩的内心世界相差太远，他们有时在内心中构建一个神奇的世界，在那里，人、动物、山河都是半神半魔的样子，尽管他们自己不这么认为，但那些东西已进入他的脑海，并在他的判断和行为中被充分表现出来。除了艺术之外，他感觉没有能使他施展才能的空间。外人认为他们沉默、安静、自制、随和，其实他们的思想和情感十分贫乏，是个非常单调的人。

当然，内向感觉型的人，如果具有出色的表现能力，就会成为主观表现欲极强的艺术家。可是，通常这种类型的人不仅不具备这种表现能力，反而不善于表现。因此，在第三者看来，这种人具有谨慎、被动、平静及理性的自我抑制等特征。

但是，如果仔细观察，就会发现这种人所采取的主观态度令人感到奇异，给人一种无视周围的人和事，无视外界的感觉。有时，他们也能接受、理解外部的信息，并反应在自己的行为方式上，但外界的作用并不能到达本人心中。程度更强烈时，其感觉、方法和行动，都脱离现实，体现出一种真正的奇特。而且，这种人并不强迫周围人的理解并承认他的感觉方式，而是满足于自己封闭的世界，满足于平衡而温和地与外部现实世界的接触。

因此，这种人一般对周围的人不会造成伤害，但容易成为他人攻击和支配的牺牲品。由于这种人不太关心他人怎样对自己，所以，即使被不适当地对待，也容易听之任之。即使被别人颐指气使，也会甘心忍受。但有时，他也意外地发挥其反抗和顽固性，以发泄自己的愤怒。

这种类型的人，由于易采取独自生活在幻想世界的生活态度，所以会脱离现实。强行推行自己的要求并开始发挥破坏性威力。一旦达到极端，就与外向感觉型的人一样，变成极端顽固的生活态度。

第二节　为什么要认识自己的性格

正如古希腊哲学家赫拉克里特所说："世界上没有完全相同的两片树叶。"在这个世界上，过去、现在和将来都不可能会有完全相同的两个人。上帝在创造我们每一个人的时候就赋予了我们独一无二的特征。

上帝只创造了唯一的你

若我们是纸箱里一模一样的鸡蛋，一夜间就可以被大母鸡孵化成光滑的小鸡，但我们却是互异的。事实上我们从出生就各有自己的优点和弱点，没有统一的方法能为我们创造奇迹。只有我们意识到自己的独一无二，才能理解为什么大家在修同一课程，在同样的时间里由同一位老师讲课，却往往会获得不同的成绩。

当米开朗琪罗准备雕刻大卫像时，他花了很长的时间挑选大理石，因为他知道，材料的质地将决定作品的美感。他明白他可以改变作品的外形，但不能改变它的基本成分。

他创造的每件杰作都是独一无二的，他试图复制，但却找不到完全相同的一块大理石。甚至他从同样的石头上切割另一块下来也一样。是，很相似，但不相同。

性格也一样。人的性格千差万别，我们每个人都有与众不同之处。我们每个人天生就有着与兄弟姐妹不同的组合特征，天生就有着自己的性情、自己的组合材料、自己与生俱来的特质。虽然环境、智商、民族、经济和父母的影响都能塑造一个人的性格，但内在的本质却改变不了，所以我们应该运用自己独特的天赋、性格和智慧，去冲刺人生的美好目标。

当我们了解了自己独一无二、与众不同时，我们也就不难理解为什么有时会觉得与别人很难相处，总觉得自己是正确的，总觉得自己什么都懂。其实人与人之间本来就是独立的，一个人不可能要求另一个人与自己完全相同，也不可能要求别人完全按照自己的方式思考问题，这就是性格的差异。

我们生来都有自己的性情特征，自己的组合材料，就像各属某种岩石。我们有些是花岗岩，有些是大理石，有些是雪花石膏。我们的岩石种类不可改变，但外形却可以选择，我们的性格亦是如此。我们有一套与生俱来的特质，其中某些特征由于金子的点缀而变得完美，而另一些则被断层所破坏。我们所处的环境、智商、民族、经济状况和父母的影响都能塑造我们的性格，但内在的本质却改变不了。

近几年，许多制造商使用很多的方法去复制一些流行的元素：无数的大卫像、成排的华盛顿、成列的林肯、一模一样的里根，很多很多，但现实生活中的你却只有一个。

请记住：你就是你，你是与众不同、独一无二的。

也正因为你是独一无二的，所以你需要挖掘出上帝藏在你生

命里的性格宝藏:

知道我们用什么制成;

知道我们是谁;

知道为什么我们会对事情有如此反应;

知道我们的优点及如何利用;

知道我们的缺点及如何克服。

认识性格才能完善性格

法国作家让·吉罗杜说过:"从我们的幼年开始,每个人身上就编织了一件无形的外衣。它渗透于我们吃饭、走路以及待人接物的方式之中。这件外衣就是我们的性格。"

然而,人与人之间的性格又存在着巨大的差异,这就正如我国古典名著《水浒传》中描写的108条梁山好汉,108个人,108种性格,个个不同;《红楼梦》里丫鬟和小姐无数,也都各有各的性格。文学作品中如此,现实生活中个体之间的性格差别,就像我们的指纹一样,只有类别上的相似,没有绝对的相同。性格是区别人与人之间差异的重要特征之一。

正因为人的性格多种多样,而且复杂,因此,我们更需要了解自身和他人的性格,这将有利于我们更好地去生活。《孙子兵法》中有良言:"知己知彼,百战不殆!"《老子·三十三章》中也提到:"知人者智,自知者明,胜人者有力,自胜者强。"在这一点上,东西方似有共鸣,古希腊的哲学家苏格拉底更是直白地喊出了:"人啊!认识你自己。"

了解和认识自己主要是指认识自己的性格:内向的、外向的,封闭的、开朗的,自卑的、自信的,懒惰的、勤劳的,虚荣的、朴素的,偏执的、随和的,浮躁的、平和的,狭隘的、心胸宽广的,贪婪的、怯懦的,多疑的……不管是什么样的性格都不要惧怕,因为性格是可以塑造的。优良的性格可以发扬,有缺陷的性格可以克服。歌德说过:"人人都有惊人的潜力,要相信自己的力量与青春,要不断地告诉自己,万事全依赖自己。"谚语有云:"播种行为,收获习惯;播种习惯,收获性格;播种性格,收获命运。"

正确地认识自己的性格,找出性格中的长处和缺陷,长处要保持,缺陷应克服。只有这样,我们才能在生活和工作的各个方面获得成功。每个人生来就与众不同,世界上只有一个自己,绝对不会有第二个人和自己一模一样。每个人的性格各不相同,但没有谁的性格是绝对优越,也没有谁的是绝对一无是处。同一种性格特征,从不同的角度看,可能会有不同的利弊结论,关键在于确定目标后如何去发挥性格的长处和力量。比如某人可能是孤僻偏执的,因此朋友很少,生活乏味,没有快乐,但他却可能因超乎寻常地专心研究某个科学问题或刻苦工作,而在事业上更易成功。

探寻性格、塑造自我之路的第一步并不是要望着天空做无尽的冥思苦想,而是要脱掉不合适自身的衣裳,再也不故作姿态,再也不在茫然中生活和工作,那无异于浪费生命。让我们把目光投向自身,投向四周的世界来发现自己。在做过所有的尝试之前，在你几乎要到达终点之前，不要以为你已知道了事实的全部。

你能够想象你将是你自己的米开朗琪罗吗？

如果你不能，你应该停下手头的工作！你应该开始认识自己！迈出探寻性格的第一步！赋予你自己的生活工作以意义！

学会优化自己的性格

有什么样的性格，就有什么样的命运；选择什么样的心态，就有什么样的前途。有社会学家曾说过："生活的矛盾、冲突大部分都源自我们的性格。"性格决定命运。那么性格是否可以改变呢？

心理学认为：性格是一个人的"典型性的行为方式"，也就是说，一个较成熟的人在各种行为中，总贯穿着某一种典型的方式，这是经常的，而不是偶然的。例如：某人不论在众人聚会的场合还是在工作中，甚至一个人在房子里，都是生气勃勃、开朗活泼的。这样，我们可以说他的性格是活泼的。如果某一日，他有点心事，因而变得沉默寡言，这只是偶然的情形，不能说他的性格是沉默寡言的。

因此，我们首先可以从影响性格的两大要素——环境和教育来着手优化我们的性格。

影响性格的第一要素是环境。例如同样是属多血质（活泼型）的人，如果他生长在一个富有的家庭，又没有很好的教养，从小被娇纵惯了。那么，他就会形成轻浮、散漫一类的性格；如果他的家庭环境很困难，迫使他从小就得帮助家庭做事，应付各种各样的人物，于是他就会形成机智、灵敏等行为特征的性格。

影响性格的第二个要素是教育。所谓教育，不一定是指学校教育，而是泛指一切的教育与影响。例如，一个人不幸处在十分艰苦的境遇中，如果他受到的教育是劝他忍受、安分，久而久之，他会养成安分守己的性格，遇到什么不幸，他也是安分守己；如果他受到的教育是鼓舞他去战胜困难，久而久之，他会形成乐观、坚强的性格。

人的性格是否能通过改变行为来实现呢？许多人的体会是很难！比如有人对面试很恐惧，不断地坚持参加面试就一定能改变这种恐惧感吗？害怕上台演讲，不断地迫使自己去讲就能不害怕吗？自己缺乏自信，不断地去做自己不愿去做的事就能自信吗？心胸狭窄，不断地去做大度的事就能心胸开阔吗？在内心冲突的情况下能不断地坚持行动吗？大家可能对行动转变性格产生了怀疑，为何能改变自己呢？这可能是回归自然的缘故。懂得了顺应自然，理顺了感情与行动后变得非常自信。内心的冲突是性格难以转变的重要原因。如果本着朴实的纯真之心，去做自己该做的事，不去期待性格的改变，性格可能会奇迹般地改变。性格就是自己做事的一种倾向性，而其根本乃是外向性与内向性。如果能坚持外向性的做法，对自己的性格、感情都能顺其自然，可能性格会在不知不觉的情况下自然的转变。

由此可见，性格的形成是与我们每一个人的主观努力相关的，因此，我们不能把性格作为借口来为自己进行辩解。而且我们的行为将对我们的性格产生巨大的反作用力,也就是说,只要我们以一种新的"行为方式"来替代以前有缺陷的"行为方式",直到它变为一种习惯,那我们就有了一种新的性格。

我们每个人都是自己行为的施行者,因此,我们也就成为自己性格的塑造者,同时,我们又是自己命运的主宰者。我们有能力改造、改变自己的行为,我们的每一次行为都改造着我们的性格,而且随着我们的性格向着好的或者坏的方面改造,我们的命运也在发生转变。

第三节　如何认识自己的性格

我们每一个人的性格虽然有一定的稳定性，但还是可以加以改变的，性格会随着环境、社会等一系列因素的改变而发生变化，而性格又对我们每一个人的命运起着决定性的作用，因此，若我们要想把握自己的命运，那么，第一步就应该是了解自己的性格，而要准确而快速地了解自己的性格就离不开性格测试。当然，不管有多少种性格测试的方法，我们也永远不可能找到一种测试性格的准规则，也不可能从自己的某个部位找到性格类型的标记，因为没有什么办法可以让我们100%地了解自己是否选对了。只有我们认真审视自己，才可能获得客观的证据。但不管性格测试的结果如何，我们都应该明白：其实性格本身没有什么好坏之分，只有不同，关键在于我们要认识并承认自己性格的好与坏，懂得扬长避短。每一种性格特征都有其长处和价值，也有缺点和需要注意的地方。清楚地了解自己的性格优势和劣势，有利于更好地发挥自己的特长，而尽可能的在为人处世中避免自己性格中的劣势。

菲尔测试及性格分析

请你凭你的直觉如实地回答下列问题，各题为单选，选择一个最符合你情况的选项。

1. 你什么时候感觉最好：
   ①早晨。
   ②下午及傍晚。
   ③夜里。

2. 你怎样走路：
   ①大步的快走。
   ②小步的快走。
   ③不快，仰着头面对着世界。
   ④不快，低着头。
   ⑤很慢。

3. 与人交流时，你一般会：
   ①手臂交叠地站着。
   ②双手紧握着。
   ③一只手或两手放在臀部。
   ④碰着或推着与你说话的人。
   ⑤碰着你的耳朵、摸着你的下巴或用手整理头发。

4. 坐下来时，你习惯于：
   ①两膝盖并拢。
   ②两腿交叉。
   ③两腿伸直。
   ④一腿蜷在身下。

5. 你一般怎样笑：
   ①敞怀大笑。
   ②笑，但不大声。

③轻声地、咯咯地笑。

④羞怯地微笑。

6. 当你去参加一个活动,你会:

①很大声地入场以引起他人的注意。

②安静地入场,找你认识的人。

③非常安静地入场,尽量保持不被他人注意。

7. 当你正在非常专心地工作时,有人打断你,你会:

①欢迎他。

②感到非常恼怒。

③在以上两大极端之间。

8. 下列颜色中,你最喜欢哪一种颜色:

①红色或橘色。

②黑色。

③黄色或浅蓝色。

④绿色。

⑤深蓝色或紫色。

⑥白色。

⑦棕色或灰色。

9. 临入睡的前几分钟,你在床上的姿势是:

①仰躺,伸直。

②俯躺,伸直。

③侧躺,微蜷。

④头睡在一手臂上。

⑤被盖过头。

10. 你经常会做的梦是:

①从高处落下。

②与别人打架或挣扎。

③找东西或找人。

④在天上飞或在水里漂浮。

⑤平常不做梦。

⑥梦都是愉快的。

以上各题的分数分配如下：

第1题	① 2分	② 4分	③ 6分				
第2题	① 6分	② 4分	③ 7分	④ 2分	⑤ 1分		
第3题	① 4分	② 2分	③ 5分	④ 7分	⑤ 6分		
第4题	① 4分	② 6分	③ 2分	④ 1分			
第5题	① 6分	② 4分	③ 3分	④ 5分			
第6题	① 6分	② 4分	③ 2分				
第7题	① 6分	② 2分	③ 4分				
第8题	① 6分	② 7分	③ 5分	④ 4分	⑤ 3分	⑥ 2分	⑦ 1分
第9题	① 7分	② 6分	③ 4分	④ 2分	⑤ 1分		
第10题	① 4分	② 2分	③ 3分	④ 5分	⑤ 6分	⑥ 1分	

将你每小题的得分进行相加，最后得出一个总分数。

1. 低于21分——内向的悲观者

你是一个害羞的、神经质的、优柔寡断的人，你对别人有依赖感，需要人照顾，面对事情你永远没有自己的主见，总期待别人为你做决定；你是一个杞人忧天者，一个永远为不存在的问题自寻烦恼的人，也许有些人认为你令人乏味，但那些深知你的人知道你不是这样的人。

2. 21~30分——缺乏信心的挑剔者

你是一个谨慎的、十分小心、勤勉刻苦、很挑剔的人，一个缓慢而稳定、辛勤工作的人。一般而言，你的言行都在大家的意料之中，也就是说，你的性格是一个相对稳定的性格。

3.31～40分——以牙还牙的自我保护者

你是一个明智、谨慎、注重实效、伶俐、有天赋、有才干且谦虚的人。你在交友方面很谨慎，一旦成为朋友，你将对朋友非常忠诚，同时要求朋友对你也有忠诚的回报。如果一旦这种信任被破坏，你将很难过。

4.41～50分——平衡的中庸者

你是一个有活力的、有魅力的、讲究实际的且永远有趣的人；你亲切、和蔼、体贴、能谅解人；你是一个永远会给人带来快乐并会帮助别人的人；你经常是群众注意力的焦点，但是你还不至于因此而昏了头。

5.51～60分——吸引人的冒险家

你具有令人兴奋的、高度活泼的、相当易冲动的个性；你是一个天生的领袖，能在很短的时间内做出决定，虽然你的决定不总是对的。你是一个愿意尝试机会而欣赏冒险的人。因为你散发的刺激，周围的人都喜欢跟你在一起。

6.60分以上——傲慢的孤独者

在别人的眼中，你是自负的、以自我为中心的，是个极端有支配欲、统治欲的人。别人可能钦佩你，但同时也会从骨子里讨厌你的自负和高傲。

MSCP 测试及性格分析

心理学家曾将人的性格分为 4 种基本类型：活泼型（S）、完美型（M）、力量型（C）及和平型（P），又为人们进一步了解和认识自身的性格提供了一种科学的方法，请按照相关提示完成下列的测试。

在你认为最适合你的实际情况的这项前做上记录，每个序号后只能选择一个答案，每个选择 1 分。

你认为你具备下列哪些优点：

1. ☐ 富于冒险　☐ 适应力强　☐ 生动　☐ 善于分析
2. ☐ 坚持不懈　☐ 喜好娱乐　☐ 善于说服　☐ 平和
3. ☐ 顺服　　　☐ 自我牺牲　☐ 善于社交　☐ 意志坚定
4. ☐ 体贴　　　☐ 自控性　　☐ 竞争性　　☐ 使人认同
5. ☐ 使人振作　☐ 受尊重　　☐ 含蓄　　　☐ 善于应变
6. ☐ 满足　　　☐ 敏感　　　☐ 自立　　　☐ 生机勃勃
7. ☐ 计划者　　☐ 耐性　　　☐ 积极　　　☐ 推动者
8. ☐ 肯定　　　☐ 无拘无束　☐ 时间性　　☐ 羞涩
9. ☐ 井井有条　☐ 迁就　　　☐ 坦率　　　☐ 乐观
10. ☐ 友善　　　☐ 忠诚　　　☐ 有趣　　　☐ 强迫性
11. ☐ 勇敢　　　☐ 可爱　　　☐ 外交手腕　☐ 注意细节
12. ☐ 令人高兴　☐ 贯彻始终　☐ 文化修养　☐ 自信
13. ☐ 理想主义　☐ 独立　　　☐ 无攻击性　☐ 富激励性
14. ☐ 感情外露　☐ 果断　　　☐ 尖刻幽默　☐ 深沉
15. ☐ 调节者　　☐ 音乐性　　☐ 发起者　　☐ 喜交朋友
16. ☐ 考虑周到　☐ 执着　　　☐ 多言　　　☐ 容忍
17. ☐ 聆听者　　☐ 忠心　　　☐ 领导者　　☐ 精力充沛
18. ☐ 知足　　　☐ 首领　　　☐ 制图者　　☐ 惹人喜爱
19. ☐ 完美主义者　☐ 和气　　☐ 勤劳　　　☐ 受欢迎
20. ☐ 跳跃型　　☐ 无畏　　　☐ 规范型　　☐ 平衡

你认为你具备下列哪些缺点：

21. ☐ 乏味	☐ 忸怩	☐ 露骨	☐ 专横
22. ☐ 散漫	☐ 无同情心	☐ 缺乏热情	☐ 不宽恕
23. ☐ 保留	☐ 怨恨	☐ 逆反	☐ 唠叨
24. ☐ 没耐性	☐ 胆小	☐ 健忘	☐ 率直
25. ☐ 挑剔	☐ 无安全感	☐ 优柔寡断	☐ 好插嘴
26. ☐ 不受欢迎	☐ 不参与	☐ 难预测	☐ 缺同情心
27. ☐ 固执	☐ 即兴	☐ 难于取悦	☐ 犹豫不决
28. ☐ 平淡	☐ 悲观	☐ 自负	☐ 放任
29. ☐ 易怒	☐ 无目标	☐ 好争吵	☐ 孤芳自赏
30. ☐ 天真	☐ 消极	☐ 鲁莽	☐ 冷漠
31. ☐ 担忧	☐ 不善交际	☐ 工作狂	☐ 喜获认同
32. ☐ 过分敏感	☐ 不圆滑老练	☐ 胆怯	☐ 喋喋不休
33. ☐ 腼腆	☐ 生活紊乱	☐ 跋扈	☐ 抑郁
34. ☐ 缺乏毅力	☐ 内向	☐ 不容忍	☐ 无异议
35. ☐ 杂乱无章	☐ 情绪化	☐ 喃喃自语	☐ 喜操纵
36. ☐ 缓慢	☐ 顽固	☐ 好表现	☐ 有戒心
37. ☐ 孤僻	☐ 统治欲	☐ 懒惰	☐ 大嗓门
38. ☐ 拖延	☐ 多疑	☐ 易怒	☐ 不专注
39. ☐ 报复型	☐ 烦躁	☐ 勉强	☐ 轻率
40. ☐ 妥协	☐ 好批评	☐ 狡猾	☐ 善变

优点：

	S 活泼型	C 力量型	M 完美型	P 和平型
1.	☐ 生动	☐ 富于冒险	☐ 善于分析	☐ 适应力强
2.	☐ 喜好娱乐	☐ 善于说服	☐ 坚持不懈	☐ 平和
3.	☐ 善于社交	☐ 意志坚定	☐ 自我牺牲	☐ 顺服
4.	☐ 使人认同	☐ 竞争性	☐ 体贴	☐ 自控性
5.	☐ 使人振作	☐ 善于应变	☐ 受尊重	☐ 含蓄
6.	☐ 生机勃勃	☐ 自立	☐ 敏感	☐ 满足
7.	☐ 推动者	☐ 积极	☐ 计划者	☐ 耐性
8.	☐ 无拘无束	☐ 肯定	☐ 有时间性	☐ 羞涩
9.	☐ 乐观	☐ 坦率	☐ 井井有条	☐ 迁就

	S	C	M	P
10.	☐ 有趣	☐ 强迫性	☐ 忠诚	☐ 友善
11.	☐ 可爱	☐ 勇敢	☐ 注意细节	☐ 外交手腕
12.	☐ 令人高兴	☐ 自信	☐ 文化修养	☐ 贯彻始终
13.	☐ 富激励性	☐ 独立	☐ 理想主义	☐ 无攻击性
14.	☐ 感情外露	☐ 果断	☐ 深沉	☐ 尖刻幽默
15.	☐ 喜交朋友	☐ 发起者	☐ 音乐性	☐ 调节者
16.	☐ 多言	☐ 执着	☐ 考虑周到	☐ 容忍
17.	☐ 精力充沛	☐ 领导者	☐ 忠心	☐ 聆听者
18.	☐ 惹人喜爱	☐ 首领	☐ 制图者	☐ 知足
19.	☐ 受欢迎	☐ 勤劳	☐ 完美主义者	☐ 和气
20.	☐ 跳跃型	☐ 无畏	☐ 规范型	☐ 平衡

缺点:

	S 活泼型	C 力量型	M 完美型	P 和平型
21.	☐ 露骨	☐ 专横	☐ 忸怩	☐ 乏味
22.	☐ 散漫	☐ 无同情心	☐ 不宽恕	☐ 缺乏热情
23.	☐ 唠叨	☐ 逆反	☐ 怨恨	☐ 保留
24.	☐ 健忘	☐ 率直	☐ 没耐性	☐ 胆小
25.	☐ 好插嘴	☐ 挑剔	☐ 无安全感	☐ 优柔寡断
26.	☐ 难预测	☐ 缺同情心	☐ 不受欢迎	☐ 不参与
27.	☐ 即兴	☐ 固执	☐ 难于取悦	☐ 犹豫不决
28.	☐ 放任	☐ 自负	☐ 悲观	☐ 平淡
29.	☐ 易怒	☐ 好争吵	☐ 孤芳自赏	☐ 无目标
30.	☐ 天真	☐ 鲁莽	☐ 消极	☐ 冷漠
31.	☐ 喜获认同	☐ 工作狂	☐ 不善交际	☐ 担忧
32.	☐ 喋喋不休	☐ 不圆滑老练	☐ 过分敏感	☐ 胆怯
33.	☐ 生活紊乱	☐ 跋扈	☐ 抑郁	☐ 腼腆
34.	☐ 缺乏毅力	☐ 不容忍	☐ 内向	☐ 无异议
35.	☐ 杂乱无章	☐ 喜操纵	☐ 情绪化	☐ 喃喃自语
36.	☐ 好表现	☐ 顽固	☐ 有戒心	☐ 缓慢
37.	☐ 大嗓门	☐ 统治欲	☐ 孤僻	☐ 懒惰
38.	☐ 不专注	☐ 易怒	☐ 多疑	☐ 拖延
39.	☐ 烦躁	☐ 轻率	☐ 报复型	☐ 勉强
40.	☐ 善变	☐ 狡猾	☐ 好批评	☐ 妥协

把答案填入计分表,分别将四列中的每一列的分数加起来,然后再把优点、缺点两部分分数加起来,我们就可以知道自己的大概性格类型,同时也知道自己的组合类型。

四种性格各自所具有的优点:

	S	C	M	P
情感	性格活跃,爱说,爱讲故事,聚会的中心人物,幽默、彩色记忆、能抓住听众,感情外露,热情奔放,好奇,天才演员,天真无邪,喜欢送礼和接受礼物,情绪化,内心诚挚,永远长不大	天生领导人,干劲十足,酷,好变化,定要矫枉过正,意志坚强,果断无感情,从不泄气,独立自主,自信	深沉,好分析,严肃认真,目的性强,聪明有创造力,有音乐与艺术潜力,懂哲学、会做诗,喜欢美丽,对他人敏感,自我牺牲,理想主义	慢半拍,松松垮垮,悠闲,平和,冷静、耐心,满足现状,安静,有智慧、有同情心、和蔼,情感内向
工作	志愿者,总有新主意,表面轰轰烈烈,有创造力,色彩丰富,全力以赴投入工作,说干就干,鼓励并带领他人一起工作	目标明确,眼光全面,组织力强,解决问题不过夜,行动迅速,果断、坚持到底,好制订计划激励他人,在反对中成长	计划性强,完美主义者,高品位,注意细节,固执,彻底,井井有条,整洁,会算计,能发现问题并解决问题,善始善终,喜欢制图、列清单	能胜任工作并持之以恒,平和可亲,有管理能力,中庸之道,逃避冲突,在压力下保持冷静,善找捷径
交友	易交朋友,爱别人,被称赞,被忌妒,不吝惜,善道歉,厌乏味,喜好自发活动	无须朋友,为团队工作,会领导,善组织,总能做对,善于处理紧急事项	交友谨慎,愿当绿叶,不愿出面,忠实可靠,善于听抱怨,帮人解决困难,深切关怀他人,易被感动,寻找理想伙伴	好相处,愉快待人,不伤人,最佳听众,爱挖苦人,爱观察人,多朋友,关心他人

四种性格各自所具有的缺点：

	S	C	M	P
情感	唠叨，夸大其词，小题大做，记不住名字，唯恐别人离开，过于兴奋，自我吹嘘，说大话，爱抱怨，天真，不成熟，大嗓门儿，情绪化，易生气，永远长不大	霸道，缺乏耐心，急脾气，不会放松，鲁莽，喜争辩，不放弃，穷追不舍，不会恭维，不喜欢眼泪，缺乏感情，无同情心	总记住负面的东西，情绪低落，喜欢被伤害的感觉，远离这个社会，自我贬低，爱听好话，以自我为中心，过分自我反省、自责，庸人自扰，忧郁症倾向	缺乏热情，害怕，担忧，没主意，不愿负责，固执，自私，有话不说，折中主义
工作	光说不干，忘记职责，不彻底，易失去信心，无组织、纪律，杂乱无章，情感决定一切，爱走神儿	无法忍受出错，不分析细节，厌恶日常琐事，较粗鲁，过于直率，爱管人，支使他人，以工作为一切	不能忍受别人的工作干不好，干事犹豫，计划时间太长，爱分析而不愿干活，自我否定，难取悦，期望标准太高，需要别人赞同	目的性不强，缺乏自觉性，难以鼓动，厌强迫，懒惰，马虎，给别人泄气，宁愿在一边儿看着
交友	不愿独处，爱当主角儿，爱受欢迎，寻找信誉，控制谈话内容，好插嘴，不听他人的，健忘，多变，爱找借口，重复故事	利用他人，强迫别人，为别人做主，什么都知道，什么都能干好，过分独立，控制朋友与配偶，不会说"对不起"，有时是对的，但也不招人喜欢	没安全感，退缩，远离他人，爱批评人，感情内向，不喜欢被别人反对，怀疑别人，对立情绪，报复别人，不原谅，矛盾重重，一贯怀疑别人的话	缺乏热情，漠不关心，从不兴奋，爱评判他人，讽刺别人，不愿改变

荣格性格测试及分析

荣格将人的性格分为内向型和外向型两种最为基本的类型，

了解自己的性格趋向将有利于完善自身，请你在回答下列问题时认真地加以完成，凭你的第一感觉选择最符合你实际情况的选项。

对下列问题，若认为符合你的情况，就打"√"，若不符合打"×"，若难以判断打"△"。

1. 你很介意细节吗？
2. 你能立即下决心吗？
3. 你能慎重地花时间去做一些实际的事情吗？
4. 你能事后改变决心吗？
5. 与思考相比，你更喜欢行动吗？
6. 你忧郁吗？
7. 你能从失败中吸取教训吗？
8. 你无忧无虑吗？
9. 你寡言少语吗？
10. 你感情外露吗？
11. 你经常欢笑吗？
12. 你情绪经常起伏不定吗？
13. 你对待事物专心致志吗？
14. 你有忍耐心吗？
15. 你喜欢讲理和追根究底吗？
16. 你议论时易激动吗？
17. 你十分谨慎小心吗？
18. 你动作麻利吗？
19. 你的工作表详尽吗？

20. 你喜欢令人注目、抛头露面的工作吗?
21. 你对工作有热情吗?
22. 你总是异想天开吗?
23. 你清高吗?
24. 你对身边的物品漫不关心吗?
25. 你乱花钱吗?
26. 你喜欢发言吗?
27. 你挑剔吗?
28. 你爱开玩笑吗?
29. 你易被教唆吗?
30. 你固执倔强吗?
31. 你牢骚满腹吗?
32. 你很介意他人对自己的看法吗?
33. 你想得到他人的批评吗?
34. 你把自己的事情委托给别人吗?
35. 你不愿意被别人指挥、命令吗?
36. 你能管理好他人吗?
37. 你能直率地听进别人的意见吗?
38. 你机灵吗?
39. 你隐瞒什么吗?
40. 你能立即同情他人吗?
41. 你过于相信他人吗?
42. 你难以忘记仇恨吗?
43. 你腼腆、害羞吗?
44. 你喜欢独处吗?

45. 你愿意花精力去交朋友吗?
46. 你在众人面前能平静地讲话吗?
47. 你经常避开众人的焦点吗?
48. 你能轻松爽快地与意见不同的人交往吗?
49. 你好帮助别人吗?
50. 你毫无吝惜地把东西送给他人吗?

	对照栏	转记栏	V 标记		对照栏	转记栏	V 标记
1	×			26	√		
2	√			27	×		
3	×			28	√		
4	√			29	√		
5	√			30	×		
6	×			31	×		
7	×			32	×		
8	√			33	×		
9	×			34	√		
10	√			35	×		
11	√			36	√		
12	√			37	√		
13	×			38	√		
14	×			39	×		
15	×			40	√		
16	×			41	√		
17	×			42	×		
18	√			43	×		
19	×			44	×		
20	√			45	×		
21	√			46	√		
22	×			47	×		
23	×			48	√		
24	√			49	√		
25	√			50	√		

每个问题画好√或×或△之后，填入上面表格的"转记栏"中，然后与"对照栏"中的√或×对照。在"V栏"中把仅与"对照栏"中的√或×相同的画上"○"标记。

合计"○"的数量，然后，再合计"△"的数量，用2除。把前面的合计数和后面的合计数相加除以25，再乘以100，就得出你的向性指数。

$$\text{向性指数} = \frac{\text{○的合计数} + \frac{1}{2}\text{△的合计数}}{25} \times 100$$

判定的方法：

向性指数最高是200，最低是0。判定结果大于100，数字越大越外向；小于100，数字越小越内向。161以上是"强外向性"，59以下是"强内向性"，110到90之间，既不能说是外向性，也不能说是内向性，可以称之为"两向性"的中间性。

1. 内向思维型性格测验

请回答下列问题，如果有12个或12个以上问题的答案为"是"，那么你的性格就属于内向思维型。

① 你可以花很长时间去探究表明。
② 你擅长检查细节。
③ 你喜欢讨价还价。
④ 你花钱时小心翼翼。
⑤ 你把每日工作计划好。
⑥ 你喜欢阅读或思考任何可以引发你兴趣的东西。
⑦ 你期望参与重大决策。

⑧ 有时你可以长时间地阅读，玩智力游戏，或思考、探索生命的本质。
⑨ 小心谨慎地完成一件事，是件有成就感的事。
⑩ 你是一个很准时的人。
⑪ 喜欢能刺激你思考的对话。
⑫ 你认为学习是为了满足内心的需求。
⑬ 你十分注重工作中的细节。
⑭ 你习惯于遵守规定。
⑮ 你喜欢使你思考、给你新观念的书。

内向思维型性格分析

性格属于这种类型的人，他们希望理解的是个人的存在。他们部分陷入自我和个人的世界，在极端的情况下，会脱离现实太甚而沦为精神病患者。为随时保护自己，他们往往显现得冷漠无情。因为他们并不重视他人，他们渴望离群索居。他们并不在乎自己的思想是否为别人所接受，尽管他们的思想可能被极少数的一部人接受。他们容易变得顽固执拗、刚愎自用、不善于体谅他人，容易变得骄傲自大、敏感易怒、拒人于千里之外。

2. 内向直觉型性格测验

请回答下列问题，如果有 7 个或 7 个以上问题的答案为"是"，那么你的性格就属于内向直觉型。

① 喜欢去说服别人。
② 喜欢探求所有事实，再有逻辑性地做决定。

③善于聆听别人的倾诉。
④你会不断地思索一个问题，直到找出答案为止。
⑤你认为教育是个发展及终身学习的过程。
⑥你不喜欢为重大决策负责。
⑦能影响别人使你感到兴奋。
⑧朋友经常向你询问解决问题的方法。
⑨你必须彻底地了解事情的真相。

内向直觉型性格分析

性格属于这种类型的人中最典型的代表是艺术家，但也包括梦想家和幻想家。和外向直觉型的人一样，他们也始终在寻找着新的可能性。但他们的全部努力，却从来也没有超出过直觉范围而使自己得到进一步的发展。由于他们的兴趣不能始终停留在一点上，因此他们总是在不同的兴趣点之间跳来跳去。但不管怎样，他们却拥有可供别人思考、整理并加以发展的绚丽多彩的直觉。

3. 内向情感型性格测验

请回答下列问题，如果有8个或8个以上问题的答案为"是"，那么你的性格就属于内向情感型。

①你用运动来强壮你的身体。
②在自己力所能及的范围内，你尽力去帮助别人。
③你对社会上有许多人需要帮助感到关注。
④你热衷于帮助别人发挥天赋和才能。

⑤你喜欢帮助别人找出可以互相关注其他人的方法。
⑥你喜欢户外运动。
⑦你经常关心孤独、不友善的人。
⑧你常起草一个计划，而由别人完成细节。
⑨你对别人的情绪低潮相当敏感。
⑩你愿意花时间帮别人解决问题。
⑪强壮而敏捷的身体对你很重要。

内向情感型性格分析

属于这种类型的人多见于女性。她们不像外向情感型的人那样将自己的感情外露，而是把它深藏在内心。她们往往沉默寡言、难以捉摸、态度既随和又冷淡，但也往往给人内心和谐、恬淡宁静、怡然自足的感觉。事实上，她们内心也有某种强烈的情感，这种情感有时会出乎亲人朋友的意料而爆发一场情感风暴。

4. 内向感觉型性格测验

请回答下列问题，如果有5个或5个以上问题的答案为"是"，那么你的性格就属于内向感觉型。

①你希望能做些与众不同的事。
②你有丰富的想象力。
③你希望自己的工作能够抒发你的情绪和感觉。
④当你从事创造性活动时，你会忘掉一切旧经验。
⑤你喜欢利用一切机会来发挥你的创造力。
⑥你期望能看到艺术表演、戏剧及好电影。

⑦你的心情受音乐、色彩、写作和美丽事物的影响极大。

内向感觉型性格分析

性格属于这种类型的人,他们远离现实世界而沉浸在自己的主观感觉之中。与自己的内心世界相比,他们觉得外部世界是平淡寡味、了无生趣的。除了艺术之外,没有别的办法来表现自己,然而他们创作的作品又往往缺乏任何意义。而事实上,他们是思想和感情两方面都很贫乏的人。

5. 外向思维型性格测验

请回答下列问题,如果有12个或12个以上问题的答案为"是",那么你的性格就属于外向思维型。

① 你能自如地应付紧急事件。
② 你喜欢监督事情直至完工。
③ 你不怕失败,回头再来。
④ 当你答应做一件事时,你会竭尽所能地监督所有细节。
⑤ 如果你和别人产生矛盾,你会不断地尝试化干戈为玉帛。
⑥ 升迁和进步对你是极重要的。
⑦ 你在解决问题前,必须把问题分析彻底。
⑧ 你喜欢独立完成一项任务。
⑨ 你喜欢使用双手做事。
⑩ 你认为要想成功,就必须定高目标。
⑪ 你渴望迈出众人之列,成为同行中的佼佼者。
⑫ 如果你来到一个陌生的环境,你会做充分的思想准备。
⑬ 你在开始一个计划前会花很多时间去计划。

⑭你自信会成功,而且一定会成功。

外向思维型性格分析

性格属于这种类型的人,他们的客观思维上升为支配其生命的激情。典型的例子就是科学家。这些科学家为了尽可能多地认识客观世界,奉献了自己毕生的精力。他们的目标是理解自然现象,发现自然规律,创立理论体系。达尔文和爱因斯坦在外向思维方向上获得了最充分的发展。这种类型的人常倾向于压抑自己天生中情感的一面,因而在别人眼中,他可能显得缺少鲜明的个性,甚至显得冷漠和傲慢。如果这种压抑过于严重,情感就会被迫采取迂回曲折甚至变态的方式来影响他的性格。他很可能变得专制、固执、自负、迷信,不接受任何批评。

6. 外向直觉型性格测验

请回答下列问题,如果有6个或6个以上问题的答案为"是",那么你的性格就属于外向直觉型。

①面对繁重的工作,你能抓住重点。
②你喜欢直言不讳,不喜欢转弯抹角。
③你崇尚好问精神。
④你不在乎工作时把手弄脏,只要能完成工作。
⑤你喜欢竞争。
⑥你经常借着和别人的交谈来解决自己的问题。
⑦你愿意与人分享你的忧愁和痛苦。
⑧你具有冒险精神,喜欢接受各种各样的挑战。

外向直觉型性格分析

性格属于这种类型的人多为女性。她们从一种心境跳跃到另一种心境,借以从现实世界中发现新的可能性。由于缺乏思维能力,她们常在没有解决一个问题前就又渴望解决另一个问题。她们忍受不了日常事物的烦琐,她们赖以生存的营养是那些新奇的东西。她们容易把自己的生命虚掷在一连串的直觉上,最终却一事无成。她们有许多的兴趣爱好,但很快就会厌倦并放弃这些爱好。她们通常很难固定地从事某一种工作。

7. 外向情感型性格测验

请回答下列问题,如果有10个或10个以上问题的答案为"是",那么你的性格就属于外向情感型。

①你愿意冒一点危险以求进步。
②你对别人的困难乐于伸出援助之手。
③你一般能体会到某人想要和他人交流的欲望。
④你喜欢尝试新事物。
⑤你喜欢周围环境简单而实际。
⑥你希望能学习所有使你感兴趣的科目。
⑦亲密的人际关系对你很重要。
⑧你常能借着资讯网络和别人取得联系。
⑨你喜欢美丽、不平凡的事物。
⑩你选车时,最先注意的是好的引擎。
⑪你希望粗重的肢体工作不会伤害任何人。
⑫你认为和他人的关系丰富了你的生命并使它有意义。

外向情感型性格分析

性格属于这种类型的人也多为女性。由于她们的情绪随外界的变化而变化,所以往往显得反复无常。外界的任何一点刺激都可能导致她们情绪的变化。由于思维功能受到过分的压抑,因此,外向情感型性格的人的思维能力都是极低的。

8. 外向感觉型性格测验

请回答下列问题,如果有12个或12个以上问题的答案为"是",那么你的性格就属于外向感觉型。

①阅读新书是件令人兴奋的事。
②你喜欢把东西拆开,并修理它们。
③你不喜欢穿比较庄重的服装,而喜欢尝试新颜色和新款式。
④你喜欢购买小零件,做成成品。
⑤你经常对大自然的奥秘保持好奇心。
⑥你经常保持整洁,喜欢有条不紊。
⑦你喜欢重新布置你的环境,使它们与众不同。
⑧你做事时必须有清楚的指引。
⑨没有美丽事物的生活,对你而言是件很可怕的事。
⑩你不愿受传统思想的束缚,而喜欢用新奇的办法解决问题。
⑪你觉得大自然的美深深地触动你的灵魂。
⑫你需要确切地知道别人对你的要求是什么。
⑬你擅长于自己制作、修理东西。

⑭ 你重视美丽的环境,喜欢把自己弄得很整洁。

外向感觉型性格分析

性格属于这种类型的人,多见于男性,他们热衷于积累与现实世界有关的经验。他们是现实主义者、实用主义者,头脑清醒,但并不对事物过分地追根究底。他们按生活的本来面貌生活,并不将生活强打上自己思想的烙印。但他们也可以是耽于享乐的、追求刺激的。他们的情感一般是浅薄的,全部生活仅仅是为了从生活中获得一切能够获得的感觉。他们是典型的极端者,或者成为粗陋的纵欲主义者,或者成为浮夸的唯美主义者。

第三章

性格决定人生

第一节 "男怕入错行"
——性格与职业选择

在这个世界上，成功人士似乎永远都只是少数，而大部分的人都是向往成功的，但很多人在他们职业生涯中不得不承受职业给他们带来的多种巨大的痛苦，在郁郁不得志中了却一生，适合当老师的却在商海煎熬，天生的商人反而坐在机关的长椅上，本该驰骋疆场的人却成了公司的小职员……世界上有近一半的人正在从事着与自己性格格格不入的工作。尽管他们勤勤恳恳、任劳任怨；尽管他们不畏艰险、百折不挠。但是，平庸就像挥之不去的梦魇一样，依然伴随其左右，他们的脚步仍然无法迈向成功的大道。

为什么你不成功

因为他们走的是一条南辕北辙的路，他们越是在这条路上努力，成功离他们也就越遥远。他们背离了自己的天性、背离了自己的使命和归宿。

每一个来到这个世界上的人，命运在赋予了他使命和归宿的同时，也赋予了他相应的性格，顺着自己的性格，你就能寻觅到真正属于自己的成功之路。相反，抛弃了上苍馈赠的人，他们注定会平庸，注定会因碌碌无为而抱憾终身。

命运对每一个人都寄予了厚望，他给了别人那样的天性，就一定会给你这样的天性；他让别人在这条路上成功，就一定会让你从另一条路走向成功。命运赋予人不同的性格，就是让人去完成不同的使命。而只有懂得了命运的人，才能喜欢并接受自己的性格，也才能创造自己独一无二的人生。

每个人都有自己的性格，每种性格都有其擅长的职业。有的人擅长这一行，有的人擅长那一行，还有的人整天游来荡去，他们所擅长的就是无所事事。无论是哪一种性格，你都应该接受它，并按照这一性格去寻找适合的职业。职业只有顺应了自己的天性才能肩负起命运所赋予的使命，才能开启通往成功的大门。要知道，每一种性格的人都能成功，关键就在于人是否选对了职业，找准了位置。

因此，我们之所以总是失败，我们之所以不能成功，只因为我们违背了自己的性格，违背了我们的天性，如果我们来了解一下美国著名作家马克·吐温的经历，我们就会更明白这一点：

大文豪马克·吐温可谓家喻户晓。他就曾经因为没有按照自己的性格和天赋去做事，结果一败涂地。马克·吐温曾十分热衷于经商，但上帝并没有给他适合经商的性格和天赋。尽管他勤勤恳恳、兢兢业业，他还是失败了，一次就赔进了十几万美元。但马克·吐温并未因此而收手，他不服输，他还要在经商的道路上走下去。这一次，他总结了上一次的教训，他要做自己最熟悉的领域——出版。结果，他再一次失败了，几乎赔进了自己全部的家底。

当马克·吐温垂头丧气地回到家里，将一切都告诉了妻子，妻子平静地对他说道："别灰心！我一直相信你的性格适合文学创作，而不是经商。"马克·吐温最终听从了妻子的建议，开始进行文学创作，结果，他因此而成为一名伟大的文学家。

由此可见，一个人的性格对其职业的选择和发展有着极其重大的影响。因此，如果我们想找对职业而获得成功。那么，我们首先应该了解和尊重我们的性格。这正如一篇文学作品中写道的：

"动物明白自己的特性：
熊不会试着飞翔，
驽马在跳过高高的栅栏时会犹豫，
狗看到又深又宽的沟渠时会转身离去。
但是，人是唯一一种不知趣的动物，
受到愚蠢与自负天性的左右，
对着力不能及的事情大声地嘶吼——坚持下去！
出于盲目和顽固，
他荒唐地执迷于自己最不擅长的事情，
使自己历尽艰辛，然而收获甚微。"

选对职业，每种性格都能成功

每个人的性格都是独一无二的，千万个人就有千万种性格，但性格并不是孤立存在的，它们之间存在一定的共性。如果按照这种共性分类进行分析的话，我们就能找到最合适自己的工作。有的人适合与物打交道；有的人则擅长与人打交道。例如：性格活泼的人，适合有挑战性的工作；性格内向的人，适合稳定的工作。职业生涯的第一步同时也是最关键的一步，就是准确判断自己的职业性格，正确选择职业生涯的方向。如果不清楚自己的职业性格，找到一份自己不喜欢又不适合的工作，那将影响自己一生的职业道路；而如果等到发现目前的工作不适合、不喜欢再跳槽的话，那就会走一大段弯路。所以，如果我们永远不以自己的职业性格作为选择职业的准绳的话，势必将永远生活在跳槽再跳槽的恶性循环中，而且这些都将对我们职业生涯的发展起到负面的影响。

鲁国大夫季康子向孔子打听他几个得意门生的才干，孔子一一作答。季康子问有军事才能的子路可否从政。孔子说，子路个性相当果敢，可为统御之帅，如果从政，恐怕不太合适，因为他过刚易折。

季康子又问请子贡出来做官好不好。孔子说不行，因子贡太通达，把事情看得太清楚，功名利禄全不在眼下，如果从政，也许会是非太明而不妥当。

季康子又问冉求是否可以从政。孔子说，冉求是个才子、文学家，名士气太浓，也不适合从政。

孔子这样的先哲圣人，也非常重视性格在一个人成就事业中的重要作用，而现代职业心理学研究表明：性格影响着一个人对职业的适应性，不同的性格适合于从事不同的职业，同时，不同的职业对人也有着不同的性格要求。因此，我们在考虑或选择职业时，不仅要考虑自己的职业兴趣和职业能力，还要考虑自己的职业性格特点，考虑职业对人的性格要求，考虑性格对职业的影响，从而根据自己的性格特点选择最易适应的职业。

然而，这个世界上有各种各样的性格：有内向的、有外向的；有勇敢的、有懦弱的；有胆大的、有胆小的；有性子慢的、有性子急的……每一种性格都有它自己的优点和长处，也都有适合它发展的领域。如果你为你的性格找准方向，你就会如鱼得水，纵横驰骋，你就会走向成功。换句话说，一个没有成功的人，仅仅是因为他还没有为自己的性格找到合适的位置，而一个成功的人，也仅仅是因为他为自己的性格找对了位置。

小罗伯特·派克是一个生性懒散的人，他喜欢随心所欲，无所事事。几乎所有认识他的人都这样评价他："小罗伯特·派克呀！他是一个无用之人，他懒散的性格注定了他一生的不幸！"然而，有谁料到，37岁时，他终于找到了自己最擅长的职业——品酒。他在自己性格最适宜的这一行业里，仅仅用了不到两年的时间，就成了一位举足轻重的人物。

现在，派克发行的酒类通讯《畅饮者报》已在37个国家中拥有17300个订户，而且每星期还会增加80～125个。人们如此重视派克对酒的评价，以至纽约和华盛顿的酒类零售商干脆把他对酒的评分印在广告价目表上。派克获得了巨大的成功。

派克的例子告诉我们：每一个人天生就有某一类性格，这一性格决定了他只适合在这一领域，而不是那一领域发展。

由此看来，成功与性格、职业的选择有着密切的关系。如果我们能辨别自己的性格偏好，并力图使之和职业角色的要求相互匹配起来，那么我们一定会在工作中保持和加强优势，控制和减少劣势，职业表现肯定强于别人。如果我们想取得职业的成功，首先要理解、认清自己的性格偏好；其次是明确在哪种环境下工作能最大限度地发挥自己的个性优势；从事什么类型的工作，能让"本我"个性与职业个性融为一体……

如果你发现自己处在不适宜的管理职位上，或者认为某个职业不适合自己，通常是因为职业角色的要求和你的个性偏好不相匹配。为了有效行使职能或做好这份工作，我们常常需要改变自己已定型的性格定位，这便带来焦虑和紧张。举例说，一个内向的人需要在一个大型演讲会上发表演说或者一个急脾气的人要扮演关系协调者的角色，这会让他们感到紧张或将工作搞砸。由于性格偏好与职业角色的要求不协调，个人潜能便不能有效发挥，工作表现自然不如意。

一般来说，外向型性格类型的人，更适合从事能够充分发挥自己的行动能力，并与外界广泛接触的职业。适合外向性格人的典型职业有：管理人员、律师、政治家、教师、推销员、警察、售货员、记者、人力资源工作者等。而内倾型性格类型的人，则比较适合从事有计划性的、稳定的、不需要与人过多交往的职业。适合内向性格人的典型职业有：自然科学家、技术人员、艺术家、会计师、一般事务性工作的人员、速记员、打字员、程序设计员等。

无论是内倾型的人还是外倾型的人，都有许多非常具体和丰富的性格特征，而且纯粹属于内倾型的人或外倾型的人不多，大部分人都属于混合型，只是存在着程度的差别。因此，对于性格与职业性格的分析，只能为大家提供一个大致的匹配方向。在实际的匹配过程中，还应根据自己的性格特征与职业生涯要求的具体情况采取有针对性的方法。

寻找合适的职业

一个人只有在这个世界上找到适合自己的职业，找到适合自己的位置，找到合适的人生坐标，找到能够发挥自己性格优势的工作，才有可能获得成功。就像一个火车头一样，它只有在铁轨上时才是强大的，一旦脱离了铁轨，它就寸步难行。爱默生说："除了一个方向以外，每个孩子都在躲避其他任何方向的障碍物。只有在那个他选定的方向上，他才得以驱除所有障碍，平静地驶过深不可测的海峡，到达广阔无边的海洋。"

在法国里昂，一位70岁的布店老板快不行了。临终前，牧师来到他身边。布店老板告诉牧师，他年轻时非常喜欢音乐，曾经和著名的音乐家卡拉扬一起学吹小号。他当时的成绩远在卡拉扬之上，老师也非常看好他的前程，可惜20岁时他却改行做了生意，结果把音乐荒废了，否则他一定是一位出色的音乐家。在这生命之灯将要燃尽之际，反思一生碌碌无为，他感到非常遗憾。他告诉牧师，到另一个世界后，如果再选择，他绝不会再干这种傻事了。

这位牧师就是法国最著名的牧师纳德·兰塞姆。无论是在穷人心中还是在富人眼里，他都享有很高的威望。在90多年的生命历程里，他有1万多次曾亲自到临终者面前，聆听他们的忏悔。他去世后被安葬在圣保罗大教堂，墓碑上工工整整地刻着他的手迹：假如时光可以倒流，世界上将有一半的人可以成为伟人。

性格偏好，就像一个人的左右手。我们每天都要使用自己的两只手，但出于本能，一定偏好使用其中的一只，因为它能更自如、更充分地发挥它的功能。当然，我们也可以用不很擅长书写的那只手写字，但会感到别扭、费力，而且写出来的字也不如另外一只手写的字好，因此性格偏好就意味着我们以某种方式做事的天生爱好。

近年来，一些教育学家和心理学专家将职业性格分为九类，可作为我们选择职业时的参考。

1. 变化型

这些人在新的和意外的活动或工作环境中感到愉快，喜欢经常变化职务的工作。他们追求多样化的活动，善于转移注意力和转换工作环境。他们适合从事的职业类型有记者、推销员、演员等。

2. 重复型

这些人喜欢连续不停地从事同样的工作，喜欢按照机械的或别人安排好的计划或进度办事，喜欢重复的、有规则的、有标准的职业。他们适合从事的职业类型有印刷工、纺织工、机床工、电影放映员等。

3. 服从型

这些人喜欢按别人的指示办事，不愿自己独立做出决策，他们喜欢让他人对自己的工作负责。他们适合从事的职业有办公室职员、秘书、翻译等。

4. 独立型

这些人喜欢计划自己的活动和指导别人的活动，在独立的和负有职责的工作环境中感到愉快，他们喜欢对将要发生的事情做决定。他们适合从事的职业类型有管理人员、律师、警察、侦察员等。

5. 协作型

这些人想得到同事们的喜欢，所以在与人协同工作时感到愉快。他们适合从事的职业类型有社会工作者、咨询人员等。

6. 劝服型

这些人喜欢设法使别人同意他们的观点，一般通过谈话或写作来达到目的。他们对于别人的反应有较强的判断力，且善于影响他人的态度、观点和判断。他们适合从事的职业类型有辅导人员、行政人员、宣传工作者、作家等。

7. 机智型

这些人在紧张和危险的情境下能自我控制和镇定自如，很好地执行任务，并能出色地完成任务。他们适合从事的职业类型有驾驶员、飞行员、公安人员、消防员、救生员等。

8. 好表现型

这些人喜欢能够表现自己的爱好和个性的工作环境。他们适合从事的职业类型有演员、诗人、音乐家、画家等。

9. 严谨型

这些人喜欢注重细节，按一套规则和步骤将工作尽可能地做得完美。他们严格、努力地工作，以期能看到自己付出努力后完成的工作效果。他们适合从事的职业类型有会计、出纳员、统计员、校对员、图书档案管理员、打字员等。

性格作为人的一种心理特性具有一定的稳定性，但又不是一成不变的，客观环境的变化和个人的主观调节都会使性格发生改变，所以性格与职业生涯的顺应也并非绝对，而是具有一定的弹性。

发挥自己的性格优势，找准适合自己性格的职业，这既是一条事半功倍的成功捷径，也是一条通向成功的人间正道。不管怎样，你都要往自己性格的优势方向发展。要让自己去选择工作，而不要让工作来选择你自己。

性格相反才是工作的最佳组合

在这个世界上，可以说性格差异是普遍存在的，而且这种差异性也会体现在我们的生活、工作之中，而人类社会也正是由于这种差异性的存在才得以更快更加良好地发展。试想：若一个社会都是由一种性格的人组成，那么等待这个社会的无疑将会是灾难性的结局。

我们每一个人都有自己独特的性格，每一种性格都是不完善的，存在着这样或那样的缺陷与不足。而如何取长补短，使我们的性格互补、刚柔相济则是一个问题。只有不同性格、不同类型的人在一起才能相互发挥优势、弥补缺陷。大自然中就存在着这样的现象——挪威人在海上捕到沙丁鱼后，如果能让它们活着抵达港口，就能卖高价。多年来只有一艘渔船能成功地带着活鱼回港。该船船长一直严守秘诀，直到他死后，人们打开他的鱼槽时，才发现只不过鱼槽里多了一条鲇鱼而已。原来沙丁鱼不喜欢游动，当鲇鱼进入鱼槽后，就使原本懒洋洋的沙丁鱼感到威胁而紧张起来，于是为避免被鲇鱼吃掉就迅速游动起来，这样沙丁鱼便能活着到港口了。不谋而合，在很多饲养场也往往在同一物种超过一定数量后便放入另一种习性与其相反的动物，这样能保证物种的健康生长。

从这个故事中，我们不难看出：相反性格的组合往往能创造出奇迹！因此，性格急的人应选择性格稳的人搭配；忧郁的应选择乐观的；对于粗心的主管，一定要选择个细心的助手；对于以黏液质或抑郁质为主要性格特征的人，其最好搭档是以胆汁质为主要性格特征的人，因为这种性格的人有敢想敢干、勇于创新等优点，会对做事畏首畏尾、拖拖拉拉者起激励作用；但黏液质的员工又有慎重、沉稳等性格优点，对易出差错的胆汁质员工大有裨益。

自然界如此，我们的社会更是如此，社会是由存在差异性的人组成的集合体，正是因为有奸诈小人，才需要忠良之士，每一种性格的存在都有它存在的理由。

一个人的缺点和特长往往是相对而存在的，有高山必有深谷，往往一个人的缺点越突出，特长反而也越明显。只有搞好相反性格的搭配，使他们相互制约短处，发挥长处，才能真正发挥其应有的作用。

因此，一种性格要想获得成功，还要注意与其他性格的配合和互补，使其相互取长补短，达到绝对的默契。只有不同性格、不同类型的人才组合在一起，才能最终形成最佳团队。在这样的团队中，成员之间的性格既和谐又兼容。因此，一个最优秀的团队一定是性格组合最和谐的团队。一个合理的人才群体结构，成员之间的气质是充分协调互补的。有的人外向，有的人内向；有的人泼辣，有的人宁静；有的人健谈，有的人寡言；有的人急躁，有的人温和；有的人风度翩翩，有的人不修边幅。

第二节 "女怕嫁错郎"
——性格影响婚姻

日本社会学家木村俊夫曾给恋爱下了这样一个定义:"由于某个异性的个性令人满意,因此觉得他(她)可亲又可爱,并对他(她)抱有好感,而对其他人则采取排斥的态度,而对所爱采取独占的态度。也就是说,意欲独自占有对方,并希望为对方所接受,从而与之结合。"

性格左右爱情

外貌也好,衣着打扮也好,说话时的表情和措辞也好,脾气也好,观点也好,对于对方的一切全都感到满意,就成了恋爱的出发点。这种满意,是你心目中所喜欢的异性形象和实际接触到的异性的一切相互作用后所产生的结果,即在性格和智力的基础上。因此,也许可以这么说,喜欢对方,完全是喜欢对方性格中的下述因素:他(她)性格中的某些因素正好是你的性格中所缺陷的,他(她)的性格能和你的性格形成互补,并不断地帮你改进和提高。

然而，结为夫妻虽然是恋爱基础上的产物，可是结婚和恋爱不同，婚后，双方进一步加深了了解，双方的优点和缺点都暴露了出来，就是藏也藏不住。因此往往会产生这样一个问题："他（她）怎么是这样一个人啊？"

因此，夫妻俩婚后生活幸福与否，是由丈夫和妻子所具备包括性格在内的种种条件决定的，也是由双方能否很好地适应对方的性格、满足对方的要求决定的。

世上没有完全相同的两个人。人的相貌、内在性格、气质各不相同，即使是一对孪生姐妹，也可以找到内在性格、气质等方面的差别。更不要说在不同环境下成长，有着不同经历的夫妻了。夫妻之间性格不同甚至迥异，就像两种各自生长在不同的土壤里的植物一样，感情将两株不一样的植物收到一块土壤上，想必会有互补和冲突。

因而，夫妻在兴趣、志向等方面比较一致，会使两个人共同的话题多一些，不觉得无话可说，会增进彼此的感情。但如果在气质、脾气上不一致，可能会因为一点小事而发生不愉快的事情。

夫妻组合，最好的是夫妻两个人在个性上互为补充，在志向上又彼此相近，才能够彼此适应，做到相互谅解，自觉协调夫妻关系。

夫妻在个性上互为补充，能避免很多矛盾的产生，有时候，还可以避免灾难。

个性互补有利于夫妻生活更加和谐融洽，对婚姻生活也是有很多好处的。夫妻两个人如果做到在各个方面都互为补充，显然是有些不太现实的，但只做到大体一致，互相协调，是很有可能的。为了让今后的婚姻生活更幸福、美满，夫妻双方不妨在个性互补上多下一点功夫。

夫妻在性格方面的差异，往往成为夫妻关系冲突的一个重要原因，处理不好容易引起夫妻矛盾。据西方古老的神话传说，一开始上帝用火造了一个美女，与亚当配为夫妻。但亚当是用泥土造的，两人气味不合，秉性不投，在一起生活一段时间矛盾甚多，无法继续共同生活下去。上帝见亚当终日愁眉不展，就决定再为他造一个合适的女伴。这次，上帝是抽取亚当身上的一根肋骨造出了夏娃，这个"骨肉相附"的女人就成了亚当最忠实的生活伴侣。这个古老的神话传说告诉人们一个值得注意的问题，如果夫妻趣味、性格方面差距太大，势必会影响夫妻关系的稳定。生活中，离婚的理由多种多样，但以性格不合为由的占有相当的比重。

怎样才能避免和解决夫妻由于性格上的差异引起的矛盾呢？下面来教你如何避免这些矛盾。

1. 双方都要试图去改变自己的性格

大量科学研究表明：人的性格并不是先天注定的，主要是在后天的环境中、教育影响下和实践活动中形成和逐步强化的。因此，性格迥异的夫妻不必过多地烦恼和担心，应对彼此的性格适应与协调充满信心，以一种良好的心境去改变自己，影响对方，力争性格的相近。

2. 互相理解和尊重双方的性格

俗话说："江山易改，禀性难移。"人的个性一经形成，就有它的相对稳定性。夫妻双方都应对此有清楚的认识，并对对方的性格表示理解，注意尊重对方的个性。要在相互尊重的前提下努力创造一种平和的家庭和心理环境，促使爱人改掉不好的个性。要正确认识和评价对方的性格，不要一味地横加指责，尊重对方的性格。要做到性格上的相互尊重，必须做到承认对方的个性风格，主动适应对方的个性风格，要能够宽容，不要吹毛求疵。

3. 双方都要对自己的性格扬长避短

没有人的性格是完美的，这也就是说，任何人的性格都有长处和短处，既然如此那么对自己的性格应一分为二，长处就发扬，短处则努力克服。避短的方法是发现对方之长，善于发现配偶性格中的长处，并吸收过来补充和完善自己。扬长避短的第二层意思是在家务安排上，凡是需要讲求时间短的，不妨由性子比较急的去做；凡是质量要求高的，就让慢性子的去做，这就发扬了各自性格之"长"。

性格决定你的爱情模式

1. 女性化的你和男性化的他

你们对彼此都颇有好感，很快就坠入情网，彼此都有着深深吸引对方的特质，所以一开始就是在热恋，只要有一方展开追求攻势，马上就是情侣。他对喜欢的女生相当热情，他也很会说些甜言蜜语，让你觉得窝心。不过你们的占有欲和嫉妒心都很强，但也因为这样，才能随时都像在热恋中。不过等交往久了，彼此更习惯，关系更亲密后，可能就会时常起争执。虽然你们是因为男性化和女性化的相异点而互相吸引，一旦争吵就会觉得对方是不可理喻的人，互相指责彼此不了解对方。虽然经常吵架，也吵得很凶，但就是不会分手。

你们的危机出现在热恋后，这时候已经很习惯彼此了，感情也渐趋稳定，你会觉得无聊，但他却觉得这样稳定发展很不错。不过他可能无法察觉你的想法，约会时也不太会询问你的意见，一切都由他做主，你会觉得他不够尊重你，于是就起争执了。虽然谈恋爱了，还是要各自拥有彼此的朋友，多参加团体活动，才不会相看两相厌。不要老想要绑着他，偶尔放他单飞一下，他会更爱你，感情才能更长久。

恋爱成功三守则：

第一，彼此相互独立；
第二，多理解他，给予他关心和照顾；
第三，多花些时间陪陪她。

2. 男性化的你和女性化的他

他是你的人生最佳导师，一开始你们就互相吸引，先从朋友做起，相处久了自然就会变成情侣。女性化的他喜欢收集各种情报，兴趣广泛，会带领你见识不同的世界，让你觉得很新鲜。刚开始交往时，会觉得有这样的男朋友真好，他厨艺佳，又懂电脑，而且很有耐心，什么事都教你，不过他做事很细心谨慎，会觉得你有点粗线条，大而化之。看到你的包包乱七八糟，他会唠叨你："买个化妆包，将东西都装进去，就不会乱七八糟了嘛！"还会唠叨化妆的事，叫你不要涂睫毛膏，涂得眼睛黑黑的很难看。你可能会受不了一个大男人竟然如此唠唠叨叨。如果彼此无法包容对方的缺点，将走向分手的局面。男方比较细心，女方都会觉得自己很没用，不过你千万不能有这样的想法。他虽然擅长收集情报，但果断的你擅长下决定，最后他一定是听你的。还有，他会对你唠唠叨叨，这也是一种爱与关心的表现。你只要跟他说"谢谢你的教导"，他一定会很高兴，一定会更爱你。如果争执了，你千万不能得理不饶人，你们要好好沟通，听听他的意见，你千万不能太霸道。

恋爱成功三守则：

第一，彼此在擅长的领域里当领导者，不要干涉；
第二，要感谢他的用心与细心，谢谢他的关怀；
第三，若出现问题，要有耐心好好沟通。

3. 男性化的你和男性化的他

彼此互相吸引，看对眼，很快就陷入热恋。你是男性化的，征服力却很强，希望尽快有结果，也许由你主动追求。目的达到后，就会觉得安心。当你们的感情越来越好，越来越深后，反而不像是热恋的情侣，而像是携手走过人生路的伴侣。于是约会模式变得制度化，像情人节、纪念日之类的特别日子也忘了庆祝，彼此都忙，见面时间变少，周围人以为你们分手了。不过你们很喜欢这样的交往方式，虽不常见面，但心中都有对方，绝不会移情别恋。不过当他被女性化的女性诱惑，可能就是分手的时候了，他觉得你独立，没有他也没有关系。另一个女孩更需要他，于是就离开了你。

如果想让这段感情走得长久，你的态度一定要很女性化才行。虽然你的个性很男性化，但一定要有女性的温柔与体贴。多找他商量事情，就算你已经心有定论，还是要跟他说，说完后别忘了加上一句："你能听我发牢骚，真好！"有时候要对他吃醋发发小脾气，勇敢地向他撒娇，不要有事才找他，平常要多联络，不要光聊工作上的事，说些日常琐事更好，总之，一定要让他觉得你就是他的情人。

恋爱成功三守则：

第一，就算你已经心有结论，还是要找他商量；
第二，不要害羞，勇敢表现醋意，向他撒娇；
第三，平常多联系，聊些日常琐事。

4.女性化的你和女性化的他

女性化的你和女性化的他，若太被动，感情便无法进一步。你们都是被动的人，即使对彼此都有好感，要迈出第一步实在很难。你在等他先开口，他也在等你先采取行动，真不知道要等到何时。所以你要多多制造两人相处的机会，你们两人很合得来，多约会。很自然就能培养出感情，拉近两人的距离。平常问他一些表面的问题，他都会很热心地给你建议，但是如果问到比较深入的问题，他可能会故作冷漠，其实他是不好意思，怕表现得太热心会让你看穿他的心思。其实他很想问你："我在你心目中是何种地位的人？"却不敢说，如果他真的问你，你千万不能故意耍酷地回答："不就是普通朋友吗？"一定要将诚意拿出来。

你们一定要有共同的兴趣。拥有相同的价值观，感情才能长长久久，才能产生亲密的感觉。还有不能让他有被束缚的感觉，你要学习欲擒故纵的技巧，才能将他自在地掌控在手中。不过也不能太冷漠，不管他的话，这段感情就会自然消减。你要主动保持联系，但是不能让他有烦的感觉，所以你要好好拿捏尺度。

恋爱成功三守则：

第一，找出共同的兴趣，一起同乐；
第二，最好不要太依赖对方；
第三，你要勤于保持联络，两人的感情才不会变淡。

不同性格夫妻的和美相处之道

夫妻的社会相容性是夫妻在世界观、价值观和人生观方面的相容。在人的社会特征方面包括文化水平、职业、工作态度、社会积极性、对社会和他人的态度、道德成熟程度、需求构成等。

价值观念的一致是夫妻相互理解的稳固基础，如果缺乏这种一致，那么夫妻之间的精神交流就会遇到很多障碍。一个人的价值观同他的志向、行为特点和社会表现的种种需求是密切相连的。

在我们的社会生活中，夫妻之间在需求构成和价值观念上如果互不相容，就会导致家庭的破裂。如，夫妻一方一味地追求超前的物质需求，终日忙于对住房、衣着、生活等必需品的获得，被膨胀的物质需求所征服，而另一方却追求有益于社会的创造性劳动、求知、积极从事社会活动、在道德和审美方面进行自我修养等方面的精神需求，那么这种婚姻关系是很难维持下去的。

在社会相容性中还可以包括夫妻在职业和职务方面的相容性。这种相容性并非要求夫妻必须有同样的工作。但是工作和职业的不同常常会带来很多矛盾，如，一方因公长期出差在外，而另一方需要留在家中。这样在某种程度上会影响夫妻之间的关系，影响婚姻的稳定和牢固。

然而，婚姻的冲突，往往都是由初期一些潜在的小问题开始的。正因为问题小，婚姻这块"跷跷板"的倾斜不明显，夫妻都不会太在意。这种小问题，很容易因双方的退缩掩盖过去，但其实"跷向一边"的问题没有得到真正解决。久而久之，一旦发生诸如孩子出生、工作挫折等重大事件，便会成为冲突爆发的导火线。那么夫妻应怎样注意婚姻平衡并去巩固它呢？

1. 适度地让对方伤心

在两性交往的过程中，轻易承诺往往是爱情最大的杀手，因此适度地让对方伤心，可以让彼此的关系更具有弹性。但切记并不要让对方陷入绝望，其中分寸的把握要视对方能够承受多少压力而定。例如，当恋爱的其中一方问起"你会爱我很久吗？"这类问题时，你若明知未来有许多未知变数，却反而对他唱起"爱你一万年"，只怕日后感情生变，徒然落下薄幸之名。然而，如果你的回答是"我会尽量，但不保证"。也许对方在乍听之时，心里会有些伤心，但是坦白的态度，将会助长情感转往更理性的路途发展及避免不必要的争吵。

2. 打情骂俏让人陶醉

谈起爱情，每个人都以为自己是最认真的，然而在两人亲密相处的过程里，太严肃反而会造成不必要的压力。带点幽默感的恋爱，反而让人回味无穷。对于有意交往或热恋中的男女，适度地打情骂俏，不时说些甜言蜜语，的确有助于情感的升华。

3. 在丈夫面前不妨愤怒一下

在男女交往的互动关系上，只有一方暗自生闷气或过度包容，只会更加招致心中怨气日渐堆积，终会爆发。其实，只要时间、地点、方式恰当，适时地发顿脾气可以发挥很大的效用，因为小小的愤怒，有助于管理及调整两性的关系。比起酸溜溜的冷嘲热讽，突如其来却适可而止的一顿脾气，对于爱情的主导权，反能收到立竿见影的效果。

4. 时常充实和更新自己

爱情也需要不断地给予对方新鲜感、惊奇感，因为恋人的关系若没进展，就是退步。所以若要建立情人对你的爱情忠诚度，最好是时常给对方新鲜、惊奇的感觉，就好比突如其来的一份礼物,便能叫爱人倍感无限温馨。

夫妻相互的容忍,是婚姻平衡不可缺少的因素。夫妻间最忌讳的是两个人都大声说话,只要多顾忌对方的想法,就不会闹得不可开交。就好像"情侣"的"侣",这个字有两个口,但两个口是不一样大的,也就是一个"大口",一个"小口",这告诉我们,夫妻或情侣间当有一方大声讲话时,另一方就要小声一点。如果两个人都一样大声,恶语相向,最后演变成"言语暴力",很容易就会出现大问题,到了后来,很可能一发不可收拾。

因此,夫妻双方就像坐在跷跷板的两端一样,各自都必须不断调整自己的位置,否则就无法达到稳定的关系。婚姻破裂的最主要因素,不是夫妻间的差异,而是无法适当地处理这些差异。所以,唯有相互的容忍和适应,才能建立平衡的婚姻。

如何做个丈夫眼里完美的妻子

不同性格的女性都有着各自的光彩和缺陷,她们本身的差异反映到婚姻生活中,当然也会有所不同。不同的男人对自己的爱人有不同的需求。对男人而言,适合的就是最好的。以下是男性期望的女性性格。

1. 做个细心的女人

做事细心入微,是一个好妻子不可缺少的好性格。

心细的女人在各个方面都能为男人招来好运气。对于心细的女人来讲，丈夫不用多费口舌，她们能清楚地记得丈夫喜爱什么、不喜爱什么，知道丈夫需要什么、不需要什么。她们不仅在家庭生活中把自己的丈夫照顾得无微不至，即使在职场上，她们也能给予丈夫及时的帮助。

细心的女人往往在最关键的时刻显现出她的独到之处，她们平时并不张扬，显得深藏不露。比如，细心的女人在家庭开支上精打细算，在家庭出现危机的时候，能把平日里积攒下来的钱拿出来帮助整个家庭和丈夫渡过危机。俗语说，细微处见真情，细心的妻子是丈夫最坚强的后盾。

2. 做个善解人意的女人

在传统观念中，虽然男性被赋予了坚强、刚毅、勇敢等性格特征，但是男人有时比女人更加脆弱和敏感，他们在人生的关键处也会迷茫、彷徨甚至误入歧途，但是他们固有的形象不允许他们在人前哭喊、吵闹或显露自己的脆弱和痛苦。现实生活中，激烈而残酷的竞争，使得男人同样在工作中备受煎熬，他们也有很多不如意的事和不开心的情况，这时就需要有一位善解人意、温柔体贴的妻子来安慰和鼓励他们。男人是永远不会把自己的痛苦外露的，他们习惯给自己戴上坚强的面具，但是过重的压力，有时也会让他们崩溃，所以一个与他们有共同语言、能不时开导他们的好妻子对于他们来讲就是缓压剂，能在言谈间让他们放松心情，重新展露笑颜。

3. 做个宽容的女人

如果让男人选择终身伴侣，大部分男人可能会选择宽容大度的女人。宽容大度的女人不喜欢和别人斤斤计较，在和丈夫发生争吵时，不容易记恨，而且总是首先退让，向对方道歉。这样的女人其实很懂得生活。宽容大度的女人，懂得什么时候退让，她们有眼光，知道把握分寸，也能理解男人爱脸面的特点。在夫妻生活中，越是固执己见、不肯退让的女人，越是让人心烦，她们这样的做法只会让丈夫更加烦恼，更加不愿回家，而不会有别的结果。宽容大度的女人让丈夫既不能忽略自己的存在，又不让自己的丈夫难堪，在大家都开心的情况下解决了问题，使家庭越来越和谐、美满。

4. 做个会撒娇的女人

恋爱中的女人喜欢向男人撒娇，在她们看来，能被一个有着阳刚之气的男人爱着是值得自豪的事情。看着男人为自己做这做那，内心觉得暖洋洋的。而对于男人来说，有一个娇小、美丽的小女人在自己身边依偎，也是件很享受的事情，而能当美丽女人的护花使者更是值得夸耀的事。

撒娇是恋爱中不可缺少的调味料，它让女人变得更加娇媚，同时也激起了男人的保护欲，增强了他们的自尊心。现实生活中，有很多男人是因为自己的爱人有一副娇滴滴的声音而迷恋上对方的。进入婚姻生活以后，夫妻双方虽然没有了神秘感，但在男人看来，妻子仍然是娇小和需要保护的，所以很多男人对于婚后妻子变得坚强和不需要自己感到迷惑，他们会觉得婚前妻子的娇弱形象是一种假象，而自己也有一种上当受骗的感觉。针对这种情况，妻子应该懂得适时地向丈夫撒一下娇，而夫妻双方会感到初恋的温馨又回到了心间，烦闷的家庭生活又会焕发不一样的光彩。

5. 做个擅长烹饪的女人

俗话说："要想拴住男人的心，最先拴住男人的胃。"对于男人来说，口腹之欲是他们最难以割舍的情怀。许多男人可以抛弃七情六欲，但却难以抗拒一顿美味佳肴的诱惑。好太太必备的因素之一就是有着一手好厨艺。许多男人们在劳累了一天之后，看到自己家里的温暖灯光就会感到胸中有一股暖流流过，这是因为他们知道在那灯光里有着自己爱的家人和一顿根据自己口味做的可口饭菜。男人其实是很容易满足的，一顿美味就能让他们对你念念不忘。

6. 做个能同甘共苦的女人

"风雨同舟"这个成语应该说的是与自己共患难的情况，每个人一生中能真正与自己共患难的也只能是自己的伴侣，夫妻二人在复杂的人世间一起艰难地摸索，无论是顺利或是不顺都将是人生的宝贵财富。事实上，再坚强的男人都希望与自己的爱人分享自己的成功与失败，他们在成功之时，最希望的就是自己的爱人能为自己感到骄傲；而在受到挫折后，又希望自己的爱人能给自己几句最真挚的话语来抚慰自己受伤的心灵。

而且社会学者特曼曾就夫妻生活的状况，向许多夫妻进行过调查。后来，他又进行了个性测验和兴趣测验等，从而找到了"关于婚后幸福的心理学要素"。现在，将夫妻生活过得美满幸福的妻子的性格介绍如下。

① 待人和蔼。
② 希望别人对待自己也态度和蔼。
③ 不轻易发怒。
④ 不过分介意于自己给别人的印象。
⑤ 不认为社会上人与人之间的关系就是竞争关系。
⑥ 始终愿意与人协作。
⑦ 即使被分配担任从属性的工作也不抱怨。
⑧ 能老老实实地听从别人的忠告。
⑨ 愿意为国家、社会和公众服务。
⑩ 能使人得到教益和愉快。
⑪ 愿意帮助需要帮助的人和不幸的人。
⑫ 对待工作一丝不苟、全力以赴。
⑬ 处理钱财小心谨慎。
⑭ 在宗教、道德和政治方面有点保守，表现出维护传统的倾向。

如何做个妻子眼里完美的丈夫

少女在刚开始接触爱情时，可能会被对方英俊、帅气的外形所吸引。但是对于成熟一些的女性来讲，男人表面的东西远不能满足女性精神内核中对他们最本质的寻求。也就是说成熟的女性在选择对方时，更加注重内在的素质，以下是女性期望的男性性格。

1. 沉稳内敛的男人

不沉稳的男人本身就还像一个孩子，怎么可能去照顾别人呢？内敛是表现在为人处世、待人接物的方式上。沉稳是内在的修养，是具有很强包容心和忍耐力的性格特征。它需要丰富的人生阅历和生活经验，拥有这种特质的男人是饱尝了人生和事业艰辛的人，他们懂得珍惜眼前得来不易的成果，也拥有面对将来更多坎坷和挫折的勇气与力量。因此，他们也容易获取女人的信任。

2. 意志坚强的男人是女人坚实的靠山

意志坚强的男人总能让女性产生好感，因为在女人看来，意志坚强的男人是真正的男人，他们拥有最强的责任感和信任度。女性一般都很敏感，自己的情绪容易受外界的影响，显得多愁善感；她们容易被周围的环境所左右，本来决定好的事情到时候也会发生变化；她们通常意志不坚强，对于任何事都缺乏坚持到底的毅力。这样的性格特征决定了女人们都希望自己的男友或者丈夫意志坚强，对事情有自己独立的观点和看法，不受环境与他人的影响。

3. 事业心强的男人带给女人安全感

事业心强的男人通常都很受女性的欢迎。在女性看来，事业心强的男人更能使自己有安全的感觉。这种类型的男人都很理智，他们清楚地知道自己寻求的目标是什么，他们往往都相信逻辑、计划和提纲能解决一切问题。他们对任何事情都能全身心地投入，对工作的专注并不影响他们对爱情和婚姻生活的努力经营。在他们看来，事业和爱情是他们人生中都不可缺少的部分。这种类型的男人常常希望找一个与自己同样独立和专注于工作的女人，这样他们可以保持彼此的独立空间，即使有时分离也不会影响双方的感情。他们对过分依赖自己的女人没有好感，因为他们不希望为了照顾对方的情绪而影响自己的工作和心情。

事业心强的男人也有缺陷，那就是过度专注于自己的事业，而忽略了女友或是妻子的感情，使得双方没有交流的时间。这样时间一长，他们的伴侣也会因无法容忍他们的漠不关心而提出分手或是离婚。

4. 冷静独立的男人是所有女性心中最完美的伴侣

每一个女人都希望自己的丈夫像《英雄本色》里的小马哥一样，在任何情况下，都能冷静处理并且愿意用他们的生命保护自己。这样的男人是女人心目中典型的白马王子，是女人从十几岁就开始梦想的理想恋人。一般人在突发情况下，都可能会惊慌失措，所以冷静独立的男人就显得分外迷人了。

性格独立的男人也很有吸引力。一般时候，女人对男人的要求并不在于他们是否适应了周围的环境，而是看他们是不是能够表达出自己的主张或意见，也就是说女人更看中这个男人是不是有自己独立的想法，是不是能自己独立地完成一件事情。独立性弱、任何时候都无法自己独立地做出决定而习惯依赖身边的人的男性是不会讨女人喜欢的。

5. 敢于面对挑战的男人最具活力

敢于面对挑战的男人通常都对自己很有信心，任何时候他们都精神饱满地迎接新事物的到来。他们不惧怕变化，甚至期盼变化的到来，在他们看来，一成不变、死气沉沉的生活才是最无法容忍的。在这种类型的男人身上随时都可能有意想不到的情况出现。他们永远不会被困难压倒，在困难面前，他们从来都是越挫越勇，而绝不会退缩不前的。这样的男人始终生活在不安定的因素中，他们身上仿佛有着用不完的精力，永不知疲倦。"生命不息，奋斗不止"是对这种性格的男人的最好诠释。现实生活中，这种例子也很多见。年轻女性在面对事业有成、沉稳内敛的男性和精力充沛、勇于面对挑战的男性时，总是最先被后者所吸引。在女性看来，后者身上有着不能忽视的热情和青春，和这样的男人在一起，自己的心永远都是年轻和充满活力的；而和前者在一起，虽然有着更多的安全感，但是生活容易走向程序化，没有激情。特曼在指出美满婚姻中妻子性格特征的同时，也指出了美满婚姻丈夫的性格特征。

① 情绪稳定，不反复无常。
② 凡事愿意与人协作。
③ 对女性能平等相待。
④ 对下属、晚辈和不幸的人抱有同情心。
⑤ 不过分考虑自己，性格有点外向。
⑥ 具有领导能力。
⑦ 能主动承担责任。
⑧ 对于细枝末节也能予以充分的注意。
⑨ 喜欢一丝不苟的工作作风和一本正经的人。

⑩ 花钱节俭而慎重。
⑪ 有点保守。
⑫ 对宗教有好感。
⑬ 恪守习俗和其他种种社会习俗。

第三节　从性格去发现你的财富密码
——性格决定你所拥有的财富

在这个世界上没有天生的富翁，即使你可能会是富人的后代，但若你不善持家或不再努力，而是去吃上辈所留下的老本，那么，总有一天，你还会变回一个穷人。

没有人是天生的富翁

天下还有许多赤贫者，由于各种原因，使自己和家人一直生活在为生存忙碌的世界里。终日奔波，一刻也不得闲，但收获甚微。他们是别人眼里的穷人。穷人受穷总是有各种各样的理由，但有一条理由不要被忘记，那就是谁也没有理由贫穷，谁也不是生来就是富翁。

时代也给人们提供了过上好日子的良机。可以说现在是一个天高任鸟飞、海阔凭鱼跃的时代。千万富翁不是梦想，亿万富翁也不是神话。上帝青睐每一个想成为富人的人，只要你憎恨贫穷，只要你渴望富有，只要你脚踏实地，那么你就会成为富人。

富人都是由穷人变为富人的，这同时也是一个质的转变，这场转变应该是非常深刻的，它包含着的不仅仅只是金钱的多少，更关键的是对穷与富的理解和认识。

不可否认，许多穷人一直为自己能够富有而努力着，他们渴望一夜暴富，更渴望用最小的努力换取最大的财富。于是他们参加各种各样的赌博，比如，赌球、买彩票、玩股票……

天上不会掉馅饼。即使是偶尔掉一次，也不会砸在穷人的头上。《福布斯》排行榜上的富人，没有一个是靠买彩票排上去的，也没有一个是靠投机富甲天下的。

一个富人，一个由赤贫者演变而来的富人，是什么事都做过的，包括穷人不屑一顾的，也包括穷人梦想做的事情。他是把这些事情都做成了，才成为富人的。

世界上就有这么一个人，曾经是赤贫者，通过不断地做事，认真地做事，成为受人瞩目的巨富。在他成为真正的富人的过程中，他没有动谁的奶酪，天上也没有掉一个馅饼砸到他，而是他亲手为自己做了一个巨大的奶酪。

这个人就是中国妇孺皆知的王永庆。

过去的王永庆是一个不折不扣的穷人。从穷人转变到富人的过程中，他是一步步地走过来的，甚至可以说是爬过来的。通过努力王永庆不仅富甲天下，而且富得让人心服口服，这是让我们值得研究和学习的。从他的身上，穷人应该看到自己还缺什么，看出自己与富人还有多大的距离。

王永庆虽然教子严厉，但是儿女对他却是诚心佩服，因为他本身的言行就是儿女最好的楷模。

一个人的财富可以被剥夺,一个人的肉体可以被摧残,唯一不可被战胜的就是一个人的意志品质。作为一个真正的富人,王永庆送给后代的不是一大笔一辈子都花不完的钱财,而是给他们铸就一种意志与精神。他知道,一个人只有有了坚如磐石的意志、赴汤蹈火的气魄、滴水穿石的精神、宠辱不惊的心态,才能成为一位真正的富人。

所有白手起家的富人,都曾经穷过,有的还曾经穷得苦不堪言。可后来他们富了,富甲天下。仅凭这一点,穷人就应该有理由相信自己,只要努力奋斗,奋斗的方法和方向不错,到时候一定会有收获的,到时候自己也能成为富人。

穷,不是我们成为富人之后炫耀的资本,而是我们前进的动力。靠别人可怜与施舍的人,是成不了真正的富人的,而且也不可能享受到创业的乐趣!

顽强与坚韧造就财富的卓越

美国前总统柯立芝在其晚年的人生回忆录中写道:"世界上没有一样东西可以取代顽强和坚韧。才能不可以——怀才不遇者比比皆是,一事无成的天才也到处可见;教育也不可以——世界上充斥着学而无用、学非所用的人;只有顽强和坚韧,才能无往而不胜。"

坚韧性指具备挫折忍耐力、压力忍受力、自我控制和意志力等;能够在艰苦的、不利的情况下,克服外部和自身的困难,坚持完成任务；在巨大的压力下坚持目标和自己的观点。

坚韧性表现为一种坚强的意志，一种对目标的坚持。"不以物喜，不以己悲"，无论遇到多大的困难，仍千方百计完成。

相反，那些做事三心二意、缺乏韧性和毅力的人，没有人愿意信任和支持他，因为大家都知道他做事不可靠，随时都会面临失败，沦为穷人。

但是，富人却随时随地都坚持"自己拯救自己"的人生信条，因为，一个人要想成功，必须依靠自己的力量把自己变成坚韧者，因为，人生本来就不会是很舒适的。

人生能使懦弱的人变得刚强，也使恃强的人变得柔顺。

富人都是以极大的忍耐力和意志力忍受着困苦，在艰辛中一点点地向前迈进，跌倒了再爬起来，最终达到成功的顶峰。

通常，人们往往信任那些意志最坚定的人。意志坚定的人同样也会遇到困难，碰到障碍和挫折，即使他失败了，也不会一败涂地、一蹶不振。我们经常听到别人问这样的话："那个人还在奋斗吗？"也就是说："那个人对前途还没有绝望吧。"

永不屈服、百折不挠的精神是获得成功的基础。库雷博士说过："许多青年人的失败都可以归咎于恒心的缺乏。"的确，大多数年轻人颇有才学，具备成就事业的种种能力，但他们的致命弱点是缺乏恒心、没有忍耐力，所以，终其一生，只能从事一些平庸的工作。他们往往一遭遇微不足道的困难与阻力，就立刻退缩，裹足不前，这样的人怎么可以担当重任呢？

因此，意志的刚柔相济、顽强进取，是一个富人意志良好的表现。所以，要想成为一个真正的富人，就一定要意志坚韧，在果断性、忍耐性和顽强性上磨炼自己是十分必要的。

也正因为如此，穷人就更没有必要去放弃、去认命、去选择做穷人，创业固然难，但没有富人不是从艰难开始的。

穷人创业，开始时会有很大的付出，因为你做的事情并不是一个安稳的事情，没有保障，充满风险。你经常会遇到挫折，经常会失望，可能经常处于痛苦和沮丧之中。但是这却是一个充满刺激的过程，在这个过程中，你的能量得到最大限度的发挥，你会渐渐地变得顽强而坚韧。

对白手起家的人来说，如果拥有第一个100万花费了10年的时间，那么从100万到1000万，也许只需要5年，再从1000万到1亿，只要3年就够了，说不定更短。这是因为你已经有了丰富的经验和启动的资金；你的性格已经被苦难磨炼得异常顽强而坚韧。

富人成功以后最爱回忆的总是最初那段日子。想起打地铺，已经松垮的肌肉就会马上收紧；想起用洗脸盆盛回锅肉，马上就会口水四溢。因为那是最艰难的，但也是最值得骄傲的。

诚信是一种无价的资本

让我们先来看这样的一个故事：

1835年，摩根先生成为伊特纳火灾保险公司的股东，因为这家小公司不用马上拿出现金，只需在股东名册上签上名字即可成为股东。这正符合摩根先生当时没有现金的境况。

然而不久,有一家投保的客户发生了火灾。按照规定,如果完全付清赔偿金,保险公司就会破产。股东们一个个惊慌失措,纷纷要求退股。

摩根先生认为自己应该为客户负责。于是他四处筹款并卖掉了自己的房产,并以低价收购了所有要求退股的股东的股份。然后他将赔偿金如数返还给了投保的客户。

一时间,伊特纳火灾保险公司声名鹊起。

几乎身无分文的摩根先生濒临破产。无奈之下他打出广告,凡是再想参加伊特纳火灾保险公司的客户,保险金一律加倍收取。

不料客户却蜂拥而至。因为在很多人的心目中,伊特纳公司是最讲信誉的保险公司。伊特纳火灾保险公司从此崛起。

许多年后,摩根先生的孙子J.P.摩根主宰了美国华尔街金融帝国。

其实成就摩根家族的并不仅仅是一场火灾,而是比金钱更有价值的信誉,也就是对客户的诚信。还有什么比让别人都信任你更宝贵的呢?有多少人信任你,你就拥有多少次成功的机会。信誉是无价的,用信誉获得成功,就如你用一块金子换取同样大小的一块石头一样容易。

忠诚守信的人不吃亏;自以为聪明、自以为得意、爱骗人的伪君子,最终会成为倒霉蛋。

忠诚、守信能帮助你的人生之舟在波涛汹涌的大海上移步航行,能让你得到更多成功的机会。

对于商人而言,如果从小没有养成遵守信用的习惯,那么就不可能取得别人的信任，生意也就很难做。李嘉诚曾戏言自己不是"做生意的料"，因为他觉得自己不会骗人，令人感叹的是偏偏是这么一块"废料"做成了全亚洲独一无二的大生意。

成功的商人经商就会把顾客当成上帝，当作衣食父母，是如何也不能欺骗的。他们经商也是为了赚钱，但他们希望他们的钱是顾客心甘情愿地送到自己的腰包里的。他们认为顾客的利益是第一位的，只有维护顾客的利益，自己才有利益可言。

顾客对这种人，是心怀感恩的心情来他这里消费的，并视为是自己最大的快乐。顾客也会把他们这种快乐告诉自己的亲友，让他们也来分享这种快乐。成功的商人永远都清楚，他的银行账户上的数字是他的顾客一笔一笔地写上去的，只有顾客越多，他账户上的数字才会不断地增加。为了这个，他必须对客户诚信。

成功的商人经商，经营的是人品。他知道，连人都做不好的人，是什么也做不成的。他知道，只有能舍，才能得，付出和收获是他的手心和手背。他用自己的忠诚换取顾客的信任，他用自己的信誉赢得顾客的支持，把自己看作鱼，把顾客看作水。鱼的生命与生存都离不开水，这是富人经商的第一要义。

成功的商人对顾客诚信一次，就等于往自己的小舟之下注了一次水。本来很窄多礁的经商之航道，就会一帆风顺，使自己的小舟变成大船，漂河过海驶入大洋，最后把自己的大船变成超级航母。

这就是典型的成功的商人做生意。他们做生意，首先是把自己经营好，然后再去经营他的生意，他不但做有形的东西，更注重无形的东西。

切记:"小富靠谋,大富靠德。"

成功者的字典里没有"失败"

可以说,在这个世界上,我们每一个人都经历过无数次的失败。成功者也不例外。他们的成功也并非是一帆风顺的,然而,如果将暂时所面临的困难、挫折称之为"失败"则是人生最大的失败。

没有人不想成为成功者,也没有人不想去拥有财富,但很多人在追求财富的过程中要么被困难打败,要么对挫折望而却步、半途而废、前功尽弃,其实世界上根本就没有所谓的失败,只有暂时的不成功。这也正是成功者的信条,正是因为在他们的字典里没有"失败",他们才不会放弃,才会继续努力,因为他们知道,他们现在只是暂时的不成功,但有一天他们会成功!

韦特斯真正开始创造自己的事业是在17岁的时候,他赚了第一笔大钱,也是第一次得到教训。那时候,他的全部家当只有255美元。他在股票的场外市场做捎客,在不到1年的时间里,他第一次发了大财,一共赚了16.8万美元。拿着这些钱,他给自己买了第1套好衣服,在长岛给母亲买了1幢房子。但是这个时候,第一次世界大战结束了,韦特斯却因聪明过头,而犯了一个大错误。他以为和平已经到来,就拿出了自己的全部积蓄以较低的价格买下了雷卡瓦那钢铁公司。"他们把我剥光了,只留下4000美元给我。"韦特斯最喜欢说这种话,"我犯了很多错,一个人如果说他从未犯过错，那他就是在说谎。但是，我如果不犯错，也就没有办法学乖。"这一次，他学到了教训，"除非你了解内情，否则，绝对不要买大减价的东西"。

他没有因为一时的挫折而放弃，相反，他对此总结了相关的经验并相信他自己一定会成功。后来，他开始涉足股市，在经历了股市的成败得失后，他已赚了一大笔。

1936年是韦特斯最冒险的一年，也是最赚钱的一年。一家叫普莱史顿的金矿开采公司在一次大火中覆灭了。它的全部设备被焚毁，资金严重短缺，股票也跌到了每股3美分。有一位名叫陶格拉斯·雷德的地质学家，知道韦特斯是个精明的人，就游说他把这个极具潜力的公司买下来，继续开采金矿。韦特斯听了以后，拿出3.5万美元做开采计划。不到几个月，黄金挖到了，离原来的矿坑只有65米。

刹那间，普莱史顿股票开始往上飞涨，不过不知内情的海湾街上的大户还是认为这种股票不过是昙花一现，早晚会跌下来，所以他们依然纷纷抛出原来的股票。韦特斯抓住了这个机会，他不断地买进，买进，等到他已经买进了普莱史顿的大部分股票时，这支股票每股的价格已超过了2美元。

这座金矿，每年毛利达250万美元。韦特斯在这支股票继续上升的时候把普莱史顿的股票大量卖出，自己留了50万股，而这50万股等于他一个钱都没有花就得到了。

敢于冒险才能抓住更多的财富

没有人不想成为富有的人，也没有人不想拥有财富。但太多的人只是停留在"想"这个层面上，他们没有勇气去行动，因为他们害怕，他们害怕冒的风险太大，但是，他们却不知道：

不冒险怎么成为百万富翁？

如果你也想成为百万富翁，那你最好多一点冒险精神。

在不确定的环境里，人的冒险精神是最稀有的资源。

世上没有万无一失的成功之路，世界是变幻莫测、难以捉摸的。所以，要想在波涛汹涌的人生中自由遨游，就非得有冒险的勇气不可。甚至有人认为，成功的主要因素便是冒险，它是致富的重要心理条件。

在富人的眼中，生意本身对于经商者就是一种挑战，一种想战胜他人赢得胜利的挑战。所以，在生意场上，人人都应具有强烈的冒险意识。"一旦看准，就大胆行动"已成为许多商界成功人士的经验之谈。

电影界的骄子"华纳四兄弟"就是敢于冒险、不怕失败的强者。作为补锅匠的儿子，他们从做小生意起家。1904年，兄弟合伙搞了一架电影放映机，从此开始与电影结缘。1912年，迁居美国之后，虽然几经失败，大起大落，但仍不灰心，1927年终于成功地摄制了电影史上的第一部有声电影《爵士歌手》，华纳兄弟电影公司从此蜚声全球。商家的法则就是冒险越大，赚钱越多，特别是对于一个前人尚未涉足的市场领域，作为开拓者就更要冒风险。富人就是这样的冒险家，当然，称冒险家不太时髦了,应该叫"风险管理者"。当机会来临时,他们会毫不犹豫。因为机不可失,时不再来,当一次风险管理者,说不定就会一鸣惊人!

其实,很多时候,挑战意味着机遇,冒险则意味着机会,所谓"风险越高,机遇越大",而且好的机遇常常藏在风险的背后,而往往一个很小的机会也会改变命运。抓住这个机会也许成功,也可能失败,成功与失败都不是可以预见的,动手去做就意味着冒险,而当失败与成功都不可把握时,就更意味着风险。那么,如果遇到这样的机会,我们该怎么办?我们要抵上身家性命,成与不成在此一搏。赢了,我们的人生就此改变;输了,也许是一败涂地,但同样也可以东山再起。一般的人,往往会望而却步,甘愿放弃机会,而勇敢的人就会知难而上,激流勇进。俗话说"谋事在人,成事在天",只要我们在充分估计了自己的能力和各方面状况的情况下,不盲目冒进,大胆地去尝试,就一定能够取得令我们满意的结果。

没错,"幸运喜欢光临勇敢的人",冒险是表现在富人身上的一种勇气和魄力。

险中有夷,危中有利,要想有丰硕的结果,就要敢冒风险。冒险与收获常常是结伴而行的。有成功的欲望,却不敢冒险,怎么能够实现伟大目标?希望成功又怕担风险,往往就会在关键时刻失去良机,因为风险总是与机遇联系在一起的。可以说,风险有多大,成功的机会就有多大。由贫穷走向富裕需要的是把握机遇,而机遇是平等地铺展在人们面前的一条通道。不敢冒险的人常常会失掉一次次发财的机会。

和气生财

和气生财。这是一句古老而百试不爽的生意经。待人和气，如果用于经商，则可以受到顾客的欢迎，改善商店与顾客的关系，提高商店信誉，促进成交，扩大销售，增加盈利。待人客气，才能增进个人的信誉度，改善个人的人际关系，人缘好了，机会自然滚滚而来。

而和气在实际中则主要表现为微笑和礼貌用语两大方面。圣人曾说过："人之初，性本善。"因此，人与人之间的心灵是可以相通的，而和气地对待他人是打开人与人之间心门的一把钥匙。只要你在日常生活中处处做到对人和气，那么，你一定会财源丰满，旅馆大王康拉德·希尔顿就是一个和气生财的人。

美国"旅馆大王"希尔顿于1919年把父亲留给他的1.2万美元连同自己挣来的几千美元投资出去，开始了他雄心勃勃的经营旅馆生涯。当他的资产奇迹般地增值到几千万美元的时候，他欣喜而自豪地把这一成就告诉母亲，想不到，母亲却淡然地说："依我看，你跟以前根本没有什么两样……事实上你必须把握比5100万美元更值钱的东西：除了对顾客诚实之外，还要想办法使来希尔顿旅馆的人住过了还想再来住，你要想出这样一种简单、容易、不花本钱而行之久远的办法去吸引顾客，这样你的旅馆才有前途。"

母亲的忠告使希尔顿陷入迷惘：究竟什么办法才具备母亲指出的"简单、容易、不花本钱、行之久远"这四大条件呢？他冥思苦想，不得其解。于是他逛商店、串旅店，以自己作为一个顾客的亲身感受，得出了答案：用微笑和礼貌用语及身体语言来和气地对待顾客，哪怕是发生争执的时候，甚至可能是顾客错误的时候，都必须牢记"和气第一"的原则。

从此，希尔顿实行了微笑服务这一独创的和气经营策略。每天他对服务员的第一句话是："你对顾客微笑了没有？"他要求每个员工不论如何辛苦，都要对顾客投以微笑，即使在旅店业务受到经济萧条的严重影响的时候，他也经常提醒职工记住："万万不可把我们心里的愁云摆在脸上，无论旅馆本身遭受的困难如何，希尔顿旅馆服务员脸上的微笑永远是属于旅客的阳光。"

因此，经济危机中幸存的20％的旅馆中，只有希尔顿旅馆服务员的脸上带着微笑。结果，经济萧条刚过，希尔顿旅馆就率先进入新的繁荣时期，跨入了黄金时代。

美国《商业周刊》主编卢·扬大谈到企业管理中顾客问题时说："大概最重要、最基本的经营管理原则乃是接近顾客，同顾客保持接触，从而满足他们今天的需要并预见他们明天的愿望。可是现在普遍忽视了这个基本前提。"美国的许多学者也通过对美国许多优秀公司的研究，总结出这样一句格言：优秀公司确实非常接近他们的顾客。企业如何接近顾客，微笑服务是法宝。

这也正好应了中国那句"和气生财"的古话。因此，让自己的性格中多一些和气将有利于人缘和财缘的建立，这对成功也是一种助推剂。

第四节　良好性格打造成功人际关系
——性格左右你的人际交往

良好的人际关系是一个人走向成功的软资本，同时也会是生活健康愉悦的调味剂。

人际关系良好的人往往拥有许许多多的朋友，并且经常相互帮助，在关键时刻往往能有贵人相助。因此，良好的人际关系对任何一个人来说都是至关重要的，它就像是一座座桥梁，建得多了、广了，你就能到达更远、更好的地方。

建立良好的人际关系

良好的人际关系总是能让你远离挫折所带来的伤害，在最短的时间内给你最好的慰藉。因为挫折是不可避免的。

因此，一个正常的人，总要有几个思想上、学习上或生活上志同道合的挚友，经常能从他们那里获得鼓励、信任、支持和安慰等。在与周围的人相处时，其肯定的态度（如尊敬、信赖、友爱等）一般总多于否定的态度（如憎恶、怀疑、恐惧等）。对其所属的集体，也有一种休戚相关、安危与共的情感，并愿意牺牲个人欲望或利益去谋取集体的发展。

这样，他就能被他所处的集体所接纳和认同，避免由于人际关系的紧张而导致的心理挫折，即使偶尔出现这种挫折，也能很快消除。

美国杰出的人本主义心理学家罗杰斯这样说过：

"我希望人们能听我倾诉自己的心里话。在我的一生中，有好几次我感到自己因无法解决问题而火冒三丈，或者陷入苦恼不堪的恶性循环中而不能自拔，或者一时被绝望的心情和认为一切都毫无价值和意义的心情所压倒。可以肯定，在这时候我已经处于病态的心理状态。我比大多数人有幸的是，在这些时候我总能找到人倾诉自己的苦衷，由此使我从精神纷乱中解脱出来。最幸运的是，他们往往能够比我自己更深刻地倾听和理解我的意思。然而，使人万分惊讶的是，如果有人倾听并理解你，那些可怕的情感就立刻变得可以忍受，那些似乎不可思议的因素都会变得合乎情理易于理解，那些看来永远无法澄清的迷惘困惑也都变成比较清澈透明的涓涓细流。我一直很珍视别人能以敏感的、充满感情的、聚精会神的方式听我倾诉的可贵时刻。"

当你满腹冤屈的时候，到朋友那里，滔滔不绝地说出来，得到同情和安慰，也许，朋友给你物质上的帮助是有限的，但这种精神上的帮助是无法计算的。

要建立和谐的人际关系，要使自己受人喜爱，受人欢迎，让他人觉得跟你做朋友十分有趣，这需要花些心机和时间，同时又要关心别人，要友好相处。有朋友，便有支持，有鼓励，便一定能振作精神。

如果说，人的一生就像拼凑一片片的拼图，那么，唯有能充分享受拼凑过程中"找寻与思考"乐趣的人，才能充分体验生活的乐趣与领悟生命的真谛。

与人交往保持适度的弹性

人们知道，松软、富有弹性的东西可以避免或减轻物体之间的碰撞或挤压。人际交往也是同样的道理。交际如果带上了一定的"弹性"，就可以缓和彼此的矛盾，消除相互之间的误会，还给自己留下了慎重考虑、再做选择的余地，从而更好地达到交际的目的。

1. 和初次接触的人交往

因为是初交，彼此不怎么了解，心灵尚未沟通，如果过急地亲密，则很容易让人产生动机不纯或态度轻薄的看法。

生活中有许多人和别人打交道时总是"见面熟"，使人大感不解，对其真诚度往往产生质疑。相反，如果在初次交往时过于冷淡，又易使人产生目中无人或深不可测、老谋深算的感觉，使人望而生畏。一般来讲，许多人不愿与过于"老成"的人交往，因为和这类人交往总得带着戒备的心理，以防被对方捉弄。所以，在初次与别人交往时，应通过逐步的接触，视了解的程度和是否可交确定交往的深度和关系的疏密。当然，因过于谨慎、过于冷漠而失去交友的良机，也是让人遗憾的事情。在初次交往时最聪明的做法是带上"弹性"，有伸缩的余地，这样就既能把握住良机，又能慎重、充裕地进行交往。

2. 和有隔阂的人交往

人与人之间总是难免存在着隔阂，一旦隔阂产生，在交往时必然会产生一定的戒备心理。

所以，和与自己有隔阂的人交往时，一般应既主动接近，又保持适当的距离；既"察言观色"，掌握对方心理，又不过于敏感，捕风捉影，胡猜乱疑。一切都应处理得从容不迫，富有"弹性"，留有余地。随着交往的增多，彼此重新认识并意识到过去的误解或认识上的差异，那么，双方的隔阂或矛盾就会自然消除。

3. 在一些特定场合下的交往

有些场合的交往也需要讲究点"弹性"，比如，在公关活动中，在商业、外交谈判中。这些特殊的交往如果不讲究"弹性"策略，就会操之过急或失之偏颇。一般来讲，在公关活动中，双方既是竞争对手，又是合作伙伴；既可能是敌人，也可能是朋友，在这种情况下的交往，就是要在双方既矛盾又统一的状态中，寻找双方都需要和乐于接受的东西。这就需要"弹性"策略，既把关系处理得松紧适度，易于回旋，又能保证不增加矛盾冲突，便于进一步增进联络、加强合作。

4. 在特定情形下的交往

人们进行交往总离不开语言。有些特定语境使人们在言语交际中不可把话说得太肯定、太绝对，而应该灵活多变，可上可下,可宽可窄,可进可退,这也需要在言语交际中带上一定的"弹性"。

内方外圆的处世之道

相信大家都见过中国古代的铜钱,也一定注意到了它外圆内方的特征,这也正是中国辩证哲学在人际关系的处理上的集中体现:内心刚正而处世圆融。一枚小小的铜钱将中国内方外圆的处世之道演绎得淋漓尽致。

"内心刚正"自然是指内心的正直与善良,而"处世圆融"而绝不是圆滑世故,更不是平庸无能,这种"圆"是圆通,是一种宽厚、融通,是大智若愚,是与人为善,是居高临下、明察秋毫之后,心智的高度健全和成熟。不因洞察别人的弱点而咄咄逼人,不因自己比别人高明而盛气凌人。任何时候也不会因坚持自己的个性和主张让人感到压迫和惧怕,任何情况都不会随波逐流,春风化雨而又不强求之……这需要极高的素质、悟性和技巧,这是做人的至高境界。

圆的压力最小,圆的张力最大,圆的可塑性最强。

圆,好做又不好做。好做是因为如果一个人真正有大智慧、大胸襟,真正自强自信,心态平和,心地善良,凡事都往好的一面想,凡事都能站在对方的立场为他人着想,人的弱点皆能原谅,即便是遇见恶魔也坚信自己能道高一丈,那还有什么做不好呢?

反之，凡内心孤独的人必喜虚张声势；内心弱小的人必好狐假虎威；心中有鬼的人必爱玩弄伎俩；没有自信的人必会尖酸刻薄，试问这样的做人又从何谈"圆"？

当然，也不乏有人为了某种利益和目的而不惜敛声屏息，不惜八面讨好，不惜左右逢"圆"。然此"圆"非彼"圆"，这种"圆"的后面是虚伪和丑恶。而我们所提倡的"圆"是在人际交往中懂得变通，能与任何性格的人较畅通地打交道，并且在与人交往的过程中不断地提高自身，收获人脉。它是一种交流的技巧，有利于人与人之间更加畅通地沟通。

任何成功的后面都包含着牺牲。如果说有人能做到内方外圆的话，那也肯定包含了许多的牺牲。比如说，做事要方，做事要有规矩、有原则，那就意味着许多事不能做、许多事又非要做，就意味着会得罪许多人，惹恼许多人，意味着要舍弃许多利益，甚至招来杀身之祸。

做人"圆"，那也会有牺牲。有时要牺牲小我；有时要忍辱负重，忍气吞声；更多的时候要承受来自至亲至爱的人的伤害。如，明明你在履行一项神圣的职责，别人却以为你好大喜功；明明你是深谋远虑，别人却认为你是哗众取宠。

小牺牲换来小成功，大牺牲换来大成功。能做到既"方"且"圆"的，同时没有感到那是一种牺牲、痛苦的才是大成功、大境界；能为了"方"与"圆"去承受牺牲的是小成功、小境界；不愿牺牲也做不到"方"与"圆"的，则不成功。反之，内圆外方，只要有利，不择手段，什么都敢干，心狠手辣的话，那这个人一定会糟糕透顶，不能容于天下了。

做人若能做到像一枚小小铜钱,也就达到了人生的一个境界,内心的正直、善良、美丽均通过那"圆"的外在形式委婉地表达出来,让所有的人都能接受,则有利于良好的人际交往。

改变在人际交往方面的消极态度

拥有丰富多彩的人际关系世界是每一个现代人的需要。可是,现实生活中,很多人的这种需要都没有得到满足。他们总是慨叹世界上缺少真情,缺少帮助,缺少爱,那种强烈的孤独感困扰着他们,折磨着他们。其实,很多人之所以缺少朋友,仅仅是因为他们在人际交往中总是采取消极的、被动的退缩方式,总是期待友谊从天而降。这样,虽然他们生活在一个人来人往的工作场所,却仍然无法摆脱心灵上的孤寂。这些人,只做交往的响应者,不做交往的始动者。

要知道,别的同事是没有理由无缘无故对我们感兴趣的。因此,如果想赢得别人的友情,与别人建立良好的人际关系,摆脱孤独的折磨,就必须主动交往。而主动交往的第一步便是对建立良好的人际关系抱有较好的态度,这样才能迈开人际交往的第一步。但遗憾的是很多人就是在这一点上出了问题。出于多种原因,他们总是对人际交往采取一种十分消极的态度,排斥,恐惧,厌烦,进而远离人群,将自己封闭在自己的个人世界里。

心理学家研究发现,有两点原因影响人们不能主动交往,而采取被动退缩的交往方式。

一方面是生怕自己的主动交往不会引起别人的积极响应，从而使自己陷入窘迫、尴尬的境地，进而伤及自己脆弱的自尊心。而实际上，在现实生活中，每一个人都有交往的需要，因此，我们主动而别人不采的情况是极少的。

另一方面，人们心里对主动交往有很多误解。比如，有的人会认为"先同别人打招呼，显得自己低贱"，"我这样麻烦别人，人家肯定会烦的"，"我又没有和他打过交道，他怎么会帮我的忙呢？"等。其实，这些都是害人不浅的误解，没有任何可靠的证据能证明其正确性。但是，这些观念却实实在在地起着作用，阻碍了人们在交往中采取主动的方式，从而失去了很多结识别人、发展友谊的机会。

当你因为某种担心而不敢主动同别人交往时，最好去实践一下，用事实去证明你的担心是多余的。不断地尝试，会积累你成功的经验，增强你的自信心，使你在工作中的人际关系状况越来越好。

其实，社交对一个人建立良好的人际关系是非常重要的第一步，因此，克服社交的消极心理很重要。那么，克服社交的消极心理，建立和谐的人际关系就从现在开始吧！

1. 列出一张人名表

表上记载着同你所希望接触的社会领域有联系的人。在需要的时候去挑选能够助你一臂之力的人。

2. 把自己同别人联系起来

为了建立关系网，你应该善于把自己同别人联系起来。你可以通过公司的同行或者是合作伙伴，建立更广的人际圈。

3. 让更多的人了解你

不论你想向哪一个方面发展，最重要的是使决定你命运的人了解你。如果你从早到晚只是埋头待在办公室，那么你根本无法实现你的目标。

4. 显得更忙碌些

今后你不论到哪里都带上点东西，文件、表格、书等。让其他人都注意到你的忙碌。因为这足以表现出你的抱负和进取心，更容易获得他人的信任和帮助。

5. 找机会与高层领导接触

尽量错开公司内部的邮件来往，把需要报送的材料亲自送去。这样做有两个好处：一是提升了自己在别的部门的知名度，最终把自己同其他的同事联系起来，建立自己的信息渠道；二是你将有更多机会接触到高层领导。

6. 把自己同组织、团体联系起来

记住，你现在的工作不是你非要干一生的岗位，今后你还会有更理想、更适合自己的岗位。因此你应该把自己同本行业或者相关行业的组织联系起来，建立自己在其中的人缘。将对你今后换工作大有益处。

其实，上面说了这么多，无非想让我们知道与人打交道，进行人际交往是件很简单的事，并没有我们想象中的那样可怕。只要我们敢于打开心扉，用一种积极的心态去主动地与别人建立良好的人际关系，就一定能够在短时间内建立起良好的人际关系。

不要再犹豫了，也不要再被内心消极的社交态度所左右了，从现在开始，彻底改变和摆脱内心的消极态度，以积极的态度开始你的人际关系吧！

第四章

塑造良好性格成就辉煌人生

第一节　急需克服的十一种缺陷性格

有的人遇到一点点委屈或很小的得失便斤斤计较、耿耿于怀；有的学生听到老师或家长一两句批评的话就接受不了，甚至痛哭流涕；有的人对学习、生活中一点小小的失误就认为是莫大的失败、挫折，长时间寝食不安；有的人人际交往面窄，追求少数朋友间的"哥们义气"，只与自己水平相当或不超过自己的人交往，容不下那些与自己意见有分歧或比自己强的人。

别让自负提前注定了你的失败

"谦虚使人进步，骄傲使人落后。"在人生的道路上，狂傲自负很多时候会使人迷失方向，举步不前。

一个骄傲自负的人常会认为，一件事情如果没有了他，人们就不知该怎么办了。但实际上，这样的人总避免不了失败的命运，因为一骄傲，他们就会失去为人处世的准绳，结果总是在骄傲里毁灭了自己。

每个人总是把自己看得很重要，但事实上，少了他，事情往往可以做得一样好。所以，自大的人历来就是成事不足、败事有余。你要切记这样一个道理：自大是失败的前兆。

自大往往不是空穴来风，自大的人总有一些突出的特长。这些突出的特长，使他们较之别人有一种优越感。这种优越感累积到一定程度，便使人目空一切，不知天高地厚。深究其原因，大致可以归纳为以下几点：

1. 过分娇宠的家庭教育

家庭教育是一个人自负心理产生的第一根源。对于青少年来说，他们的自我评价首先取决于周围的人对他们的看法，家庭则是他们自我评价的第一参考系。父母宠爱、夸赞、表扬，会使他们觉得自己"相当了不起"。

2. 生活中的一帆风顺

人的认识来源于经验，生活中遭受过许多挫折和打击的人，很少有自负的心理，而生活中一帆风顺的人，则很容易养成自负的性格。现在的中学生大多是独生子女，是父母的掌上明珠，如果他们在学校出类拔萃，老师又宠爱他们，就易滋生自信、自傲和自负的个性。

3. 片面的自我认识

自负者缩小自己的短处，夸大自己的长处。缺乏自知之明，对自己的能力估价过高，对别人的能力评价过低，自然产生自负心理。这种人往往好大喜功，取得一点小小的成绩就认为自己了不起，成功归因于自己的主观努力，失败归咎于客观条件的不合作，过分的自恋和自我中心，把自己的举手投足都看得与众不同。

4. 情感上的原因

一些人的自尊心特别强烈，为了保护自尊心，在挫折面前，常常会产生两种既相反又相通的自我保护心理。一种是自卑心理，通过自我隔绝，避免自尊心的进一步受损；另一种就是自负心理，通过自我放大，获得自信不足的补偿。例如，一些家庭经济条件不很好的学生，生怕被经济条件优越的同学看不起，便会假装清高，表面上摆出看不起这些同学的样子。这种自负心理是自尊心过分敏感的表现。

一个人不知道并不可怕——人不可能什么都知道，但可怕的是不知道而假装知道，知道一点就以为什么都知道。这样的人就永远不会进步，就像老爱欣赏自己脚印的人，只会在原地绕圈子。

当然，自负并非不可克服，只要我们自己努力并加上正确的方法，就肯定没有任何问题：

首先，接受批评是根治自负的最佳办法。自负者的致命弱点是不愿意改变自己的态度或接受别人的观点，虚心接受批评即是针对这一弱点提出的改进方法。它并不是让自负者完全服从于他人，只是要求他们能够接受别人的正确观点，通过接受别人的批评，改变过去固执己见、唯我独尊的形象。

其次，与人平等相处。自负者视自己为上帝，无论在观念上还是在行动上都无理地要求别人服从自己。平等相处就是要求自负者以一个普通社会成员的身份与别人平等交往。

再次，提高自我认识。要全面地认识自我，既要看到自己的优点和长处，又要看到自己的缺点和不足，不可一叶障目，不见泰山，抓住一点不放，未免失之偏颇。认识自我不能孤立地去评价，应该放在社会中去考察，每个人生活在世上都有自己的独到之处，都有他人所不及的地方，同时又有不如人的地方，与人比较不能总拿自己的长处去比别人的不足，把别人看得一无是处。

最后，要以发展的眼光看待自负，既要看到自己的过去，又要看到自己的现在和将来，辉煌的过去只能说明曾经你是个英雄，它并不代表着现在，更不预示着将来。

有一个成语叫"虚怀若谷"，意思是说，胸怀要像山谷一样。这是形容谦虚的一种很恰当的说法。只有空，才能容得下东西，而自满，除了你自己之外，容不下任何东西。

生活中，我们常常不自觉地把自己变做一个注满水的杯子，容不下其他的东西。因而，学会把自己的意念先放下来，以虚心的态度去倾听和学习，你会发现大师就在眼前。

多疑是躲在人性背后的阴影

有一则寓言，说的是"疑人偷斧"的故事：一个人丢失了斧头，怀疑是邻居的儿子偷的。从这个假想目标出发，他观察邻居儿子的言谈举止、神色仪态，无一不是偷斧的样子，思索的结果进一步巩固和强化了原先的假想目标，他断定贼非邻子莫属了。可是，不久他在山谷里找到了斧头，再看那个邻居的儿子，竟然一点也不像偷斧者。

这个人从一开始就先下了一个结论，然后自己走进了猜疑的死胡同。由此看来，猜疑一般总是从某一假想目标开始，最后又回到假想目标，就像一个圆圈一样，越画越粗，越画越圆。最典型的恐怕就是上面这个例子了。现实生活中猜疑心理的产生和发展，几乎都同这种作茧自缚的封闭思路主宰了正常思维密切相关。

　　猜疑似一条无形的绳索，会捆绑我们的思路，使我们远离朋友。如果猜疑心过重的话，就会因一些可能根本没有或不会发生的事而忧愁烦恼、郁郁寡欢；猜疑者常常嫉妒心重，比较狭隘，因而不能更好地与身边的人交流，其结果可能是无法结交到朋友，变得孤独寂寞，导致对身心健康的危害。

　　疑心重重，戴着有色眼镜看人，甚至毫无根据地猜疑他人的人，在猜疑心的作用下，会把被猜疑的人的一言一行都罩上可疑的色彩，即所谓"疑心生暗鬼"。有些人疑心病较重，乃至形成惯性思维，导致心理变态。一个人如果心胸过于狭窄，对同事、朋友乃至家人无端猜疑，不但会影响工作、影响人际关系、影响家庭和睦，还会影响自己的心理健康。

　　猜疑是建立在猜测基础之上的，这种猜测往往缺乏事实根据，只是根据自己的主观臆断毫无逻辑地去推测、怀疑别人的言行。猜疑的人往往对别人的一言一行都很敏感，喜欢分析深藏的动机和目的，看到别的同学悄悄议论就疑心在说自己的坏话，见别人学习过于用功就疑心他有不良企图。好猜疑的人最终会陷入作茧自缚、自寻烦恼的困境中，结果导致自己的人际关系紧张，失去他人的信任，挫伤他人和自己的感情，对心理健康是极大的危害。为此英国思想家培根曾说过："猜疑之心如蝙蝠，它总是在黄昏中起飞。这种心情是迷惑人的，又是乱人心智的。它能使你陷入迷惘，混淆敌友，从而破坏人的事业。"因此，消除猜疑之心是保持心理健康的方法之一。

怎样矫正自己的猜疑心理呢？

1. 自信最重要

相信自己，相信他人。即在自己的心理天平上增加"自信"和"他信"这两块砝码。首先是"自信"。"自疑不信人，自信不疑人"。猜疑心理大多源于缺少自信。其次是"他信"，即相信别人，不要对别人抱偏见或者是成见。当你怀疑别人的时候，一定要想想如果别人也这样怀疑你，你会是什么样的感受，这样去将心比心，换位思考就能真正去信任别人了。

注意调查研究。俗话说："耳听为虚，眼见为实。"不能听到别人说什么就产生怀疑，不要听信小人的逸言，不能轻信他人的挑拨。要以眼见的事实为据。况且，有时眼见的未必是事实。因此，一定要注重调查研究，一切结论应产生于调查的结果。否则就会被成见和偏见蒙住眼睛，钻进主观臆想的死胡同出不来。

2. 坚持"责己严，待人宽"的原则

猜疑心重的人，大多对自己的要求不严、不高，对别人的要求倒多少有些苛刻，总是要求别人做到什么程度，不去想一想自己做是否做得到。因此克服疑心病必须从严格要求自己做起，不要对别人有过高的要求，更不要因为别人达不到，就认为人家存在问题，那样必然会妨碍你对别人的信任。因此，坚持宽以待人，严于律己的原则，这也是克服猜疑心的一条重要途径。

3. 采取积极的暗示，为自己准备一面镜子

平时，不要总想着自己，想着别人都盯着自己。而要对自己说，并没有人特别注意我，就像我不议论别人一样，别人也不会轻易议论我。而且，只要自己行得正，站得直，又何必怕别人议论呢？有时不妨采用自我安慰的"精神胜利法"，别人说了我又能如何呢？只要自己认为，或者感觉到绝大多数人认为我是对的，我的行为是对的就可以了，这样，心理的疑心自然就会越来越小了。

4. 抛开陈腐偏见

记得一位哲人说过："偏见可以定义为缺乏正当充足的理由，而把别人想得很坏。"一个人对他人的偏见越多，就越容易产生猜疑心理。我们应抛开陈腐偏见，不要过于相信自己的印象，不要以自己头脑里固有的标准去衡量他人、推断他人。要善于用自己的眼睛去看，用自己的耳朵去听，用自己的头脑去思考。必要时应调换位置，站在别人的立场上多想想。这样，我们就能舍弃"小人"而做君子。

5. 及时开诚布公

猜疑往往是彼此缺乏交流，人为设置心理障碍的结果，也可能是由于误会或有人搬弄是非造成的，因此一旦出现猜疑，与其自己去猜，不如开诚布公地和对方谈一谈，这样才能消除疑云，才能彻底解决问题。

别让狭隘禁锢你的心灵

有关专家曾针对这一现象，对不同性格的人的生理变化进行了研究，从中得到了有趣的发现：性格开朗的人，其基础代谢率较高，组织器官的新陈代谢较快，内分泌系统平衡协调，各项生命指标，如，血压、脉搏等相对稳定；而心胸狭隘、忧郁的人，其结论正好相反。

这些生理现象实质上是由心理因素引起的。心胸狭隘、心情忧郁的人，好静不好动，饮食少而无规律，经常失眠，神经衰弱，爱发脾气、生闷气等。如果上述性格与生活习惯交互作用，会互相加剧，形成恶性循环，结果导致内分泌紊乱，组织器官因养分不足而过早衰老。性格开朗的人则喜爱运动，心胸开阔，乐观向上，这些良好的生活习惯与性格特点形成良性循环，有利于内分泌系统平衡稳定，他们的组织器官新陈代谢旺盛，从而使机体充满活力。

可见，不同性格的人，其生活习惯直接或间接地影响到人的健康和衰老。

狭隘性格的产生同家庭中不良因素的影响有很大关系。父母狭隘的心胸，为人处世的方法，不良的生活习惯等对子女有潜移默化的影响。有些子女狭隘的性格完全是父母性格的翻版。另外，优越的生活环境、溺爱的教育方法往往易形成子女任性、骄傲、利己主义等品质，自然受点委屈便耿耿于怀，对"异己"分子不肯容纳与接受，尤其是一些年轻人，阅历浅、经验少，遇到问题后，容易把事情想得过于困难、复杂，加之对自己的能力估计不足,对事情感到无能为力,因而容易紧张、焦虑,放心不下。

狭隘的人,不仅生活在一个狭窄的圈子里,而且知识面也往往非常狭窄。因此,开阔的视野很重要。如,老师和家长多让学生参加一些社会公益活动,参观一些伟人、名人纪念馆,听英雄人物事迹报告会等。这能使学生在亲身经历中感悟很多人生道理。丰富课余文化生活,组织多种多样的文娱、体育活动,拓宽兴趣范围,使自己时刻感受到生活、学习中的新鲜刺激,感受到生活的美好,陶冶性情,从而在健康向上的氛围中增强精神寄托,消除心理压力。

狭隘的人,其心胸、气量、见识等都局限在一个狭小的范围内,不宽广、不宏大。多与人接触,使自己对不同的人有不同的认识,从而积累经验,这样会从中明白许多对与错的道理。善于宽容是人的一种美德。对任何事都斤斤计较,一定是一个狭隘的人。

怎样才能克服气量小的狭隘毛病呢?

1. 拓广心胸

陶铸同志曾经写过这样两句诗:"往事如烟俱忘却,心底无私天地宽。"要想改掉自己心胸狭隘的毛病,首先要加强个人的思想品德修养,破私立公,遇到有关个人得失、荣辱之事时,经常想到国家、集体和他人,经常想到自己的目标和事业,这样就会感到犯不着计较这些闲言碎语,也没有什么想不开的事情了。

2. 充实知识

人的气量与人的知识修养有密切的关系。有句古诗说:"曾经沧海难为水，除却巫山不是云。"一个人知识多了，立足点就会提高，眼界也会相应开阔，对一些"身外之物"也就拿得起，放得下，丢得开，就会"大肚能容，容天下难容之物"。当然，满腹经纶、气量狭隘的人也有的是，这并不意味着知识有害于修养。培根说："读书使人明智。"经常读一些心理卫生学方面的书籍，对于开阔自己的胸怀，裨益当不在小。

3. 缩小"自我"

你一定要不断提醒自己，在生活中不要期望过高。来点阿Q精神降低你的期望。如果你坚持抱着一成不变的期望，不愿做任何改变减少你的期望以衡量期望和现实之间的差距，那么你就会很快被激怒，让事情变得更糟。根据墨菲定律："只要事情有可能出错，就一定会出错。"这正好抓住了降低期望、明智看待事情的想法，它也说明了该如何调整期望，才不会留下满屋子的失望和挫折感。

降低你的期望不但可以减少你的生气次数和生气的强烈程度，还可以减少生气的时间。随时调整你的期望，时刻保持清醒的头脑，你才会在自负的乌云之中看到阳光。

"宰相肚里能撑船"，宽容大度是一种长者风范，智者修养。当你怒气冲天时，切记"金无足赤，人无完人"；或者多想想自己读书时也曾干过蠢事，说过错话，将心比心来提醒自己；也可多想想发怒的害处等，这样会使怒气烟消云散。

的确，当我们不再让自己"膨胀"时，我们便能用一颗平常心来面对生活，这样也就使心胸开阔了许多。因此，正确地善待自我十分有利于我们走出狭隘的境地。

4. 自然陶冶法

人们在学习和工作之余，在庭院花卉、草坪旁休息，在绿树成荫的大道上散步，在风景秀丽的幽静的公园里游玩，往往心旷神怡，精神振奋，利于忘却烦恼，消除疲劳。

远离让你永远也站不起来的自卑

自卑，就是自己轻视自己，看不起自己。自卑心理严重的人，并不一定就是他本人具有某种缺陷或短处，而是不能悦意容纳自己，自惭形秽，常把自己放在一个低人一等，不被自己喜欢，进而演绎成别人看不起的位置，并由此陷入不能自拔的境地。

自卑的人心情消沉，郁郁寡欢，常因害怕别人瞧不起自己而不愿与别人来往，只想与人疏远，他们缺少朋友，甚至自疚、自责、自罪；他们做事缺乏信心，没有自信，优柔寡断，毫无竞争意识，享受不到成功的喜悦和欢乐，因而感到疲劳，心灰意懒。

由于自卑的人大脑皮质长期处于抑制状态，中枢神经系统处于麻木状态，体内各器官的生理功能相应得不到充分的调动，不能发挥各自的应有作用；同时，内分泌系统的功能也因此失去常态，有害的激素随之分泌增多；免疫系统失去灵性，抗病能力下降,从而使人的生理过程发生改变,出现各种病症,如,头痛、乏力、焦虑,反应迟钝,记忆力减退,食欲不振,性功能低下等,这些表现都是衰老的征兆所在。

也许我们每一个人都曾自卑过,这很正常,因为每一个人都或多或少有些自卑情绪。德国心理学家阿德勒认为,所有人在幼小的时候都具有自卑感。因为一个人幼时生理机制还未完全发育,一切都要依赖成人才能生存。父母在他们的眼中是无所不能的上帝,看到成人处处优于自己,每个孩子都会产生自卑感。

"不胜任感和自卑感广泛存在于我们的世界里。"正如心理学家詹姆斯·道尔皮所说,"自卑存在于我们每个人特别是青少年的生活里,并困扰着我们。"

虽然自卑总是与我们为伍,但是那些专门致力于自卑心理研究的专家们告诉我们,自卑并非坏事,相反,它是所有人发展的主要的推动力量,自卑感使人产生寻求力量的强烈愿望。

当一个人感到自卑时,就会力图去完成某些事情,以成功来克服自卑。达到成功后,人的内心会处于相对稳定的时期。而看到别人的成就之后,又会产生新的自卑,以促使自己取得更大的进步,以此周而复始。当然,自卑并不总是催人进步。如果一个人已经气馁了,认为自己的努力无法改变自己的处境,但又无力摆脱自卑感,那么,为了维护心理的健康(自我的统一),他就会设法摆脱它们。只是这些方法不会使他进步,他会用一种虚假的优越感来自我陶醉,麻木自己,这类似于阿Q精神。由于自卑者生活在自己虚设的精神世界里,而造成自卑的情境依然没有改变,因此,他的自卑感就会越积越多,其行为也就陷入了自欺当中，形成了自卑情结。

有的社会心理学家就认为，自卑的产生是因为一个人不正确归因的结果。

一件事发生后，人总是会试图去分析产生这种结果的原因。但不同的人对同一件事情的评价往往是不同的。例如，同是输了一场篮球比赛，有的队员会认为这是自己队的运气不好、或场地不行、或球不好等（外部归因），而有的队员可能会认为这是自己的实力不行，输球是必然的（内部归因）。自卑的产生往往就是将失败归结为自身的原因，与环境无关的结果。即只看到自己的不足，看不到自己的长处。

征服畏惧，战胜自卑，不能夸夸其谈，止于幻想，而必须付诸实践，见于行动。建立自信最快、最有效的方法，就是去做自己害怕做的事，直到获得成功。

1. 认清自己的想法

有时候，问题的关键是我们的想法，而不是我们想什么事情。人的自卑心理来源于心理上的一种消极的自我暗示，即"我不行"。正如哲学家斯宾诺莎所说："由于痛苦而将自己看得太低就是自卑。"这也就是我们平常说的自己看不起自己。悲观者往往会有抑郁的表现，他们的思维方式也是一样的。所以先要改变带着墨镜看问题的习惯，这样才能看到事情明亮的一面。

2. 放松心情

努力地去放松心情，不要想不愉快的事情。或许你会发现事情真的没有原来想的那么严重。会有一种豁然开朗的感觉。

3. 幽默

学会用幽默的眼光看事情，轻松一笑，你会觉得其实很多事情都很有趣。

4. 与乐观的人交往

与乐观的人交往，他们看问题的角度和方式，会在不知不觉中感染你。

5. 尝试一点改变

先做一点小的尝试。比如，换个发型，化个淡妆，买件以前不敢尝试的比较时髦的衣服……看着镜子中的自己，你会觉得心情大不一样，原来自己还有这样一面。

6. 寻求他人的帮助

寻求他人的帮助并不是无能的表现，有时候当局者迷，当我们在悲观的泥潭中拔不出来的时候，可以让别人帮忙分析一下，换一种思考方式，有时看到的东西就大不一样。

7. 要增强信心

因为只有自己相信自己，乐观向上，对前途充满信心，并积极进取，才是消除自卑、促进成功的最有效的补偿方法。悲观者缺乏的，往往不是能力，而是自信。他们往往低估了自己的实力，认为自己做不来。记住一句话：你说行就行。事情摆在面前时，如果你的第一反应是我行，我能做，那么你就会付出自己最大的努力去面对它。同时，你知道这样继续下去的结果是那么诱人，当你全身心投入之后，最后你会发现你真的做到了；反之，如果认为自己不行，自己的行为就会受到这个意念的影响，从而失去太多本该珍惜的好机会。因为你一开始就认为自己不行，最终失败了也会为自己找到合理的借口："瞧，当初我就是这么想的，果然不出我所料！"

8. 正确认识自己

对过去的成绩要做分析。自我评价不宜过高，要认识自己的缺点和弱点。充分认识自己的能力、素质和心理特点，要有实事求是的态度，不夸大自己的缺点，也不抹杀自己的长处，这样才能确立恰当的追求目标。特别要注意对缺陷的弥补和优点的发扬，将自卑的压力变为发挥优势的动力，从自卑中超越。

9. 客观全面地看待事物

具有自卑心理的人，总是过多地看重自己不利、消极的一面，而看不到有利、积极的一面，缺乏客观全面地分析事物的能力和信心。这就要求我们努力提高自己透过现象抓本质的能力，客观地分析对自己有利和不利的因素，尤其要看到自己的长处和潜力，而不是妄自嗟叹、妄自菲薄。

10. 积极与人交往

不要总认为别人看不起你而离群索居。你自己瞧得起自己，别人也不会轻易小看你。能否从良好的人际关系中得到激励，关键还在自己。要有意识地在与周围人的交往中学习别人的长处，发挥自己的优点，多从群体活动中培养自己的能力，这样可预防因孤陋寡闻而产生的畏缩躲闪的自卑感。

11. 在积极进取中弥补自身的不足

有自卑心理的人大都比较敏感，容易接受外界的消极暗示，从而越发陷入自卑中不能自拔。而如果能正确对待自身缺点，把压力变动力，奋发向上，就会取得一定的成绩，从而增强自信，摆脱自卑。

懒惰是成功路上的拦路虎

有人说，人是好逸恶劳的动物，在一定程度上，这种看法是对的。人总是希望在工作中减少体力付出，在生活中尽量舒服、安逸，为了获得更大的满足和安逸也是人活动的动力。但如果贪图安逸，就会产生惰性。惰性在生活中表现为不求上进，意志消沉，安于现状，心态消极。在工作中无所追求，不学无术，糊涂混日。惰性对人的身心健康会造成一定危害。

惰性使人机体素质下降，由于较少活动，身体得不到锻炼，会使人免疫功能下降，患病机会增加，由于体力消耗较少，身体会逐渐发胖，使患高血压、动脉粥样硬化、冠心病等疾病的机会也会增加。

总之，惰性会危害躯体健康。对心理健康来说，惰性依然有害，惰性使人懒于思考，不愿用脑，使大脑思维活动的主动性、灵活性下降，长期如此，还可能导致智能下降。而且，懒惰的人常缺乏精神支柱，不明白人生的真谛，不能实现自我价值，难以获得学业、事业成功的愉快体验。从社会适应的角度来说，惰性使人不愿付出，只想得到，平日游手好闲，常受到亲朋好友的指责，且得不到周围人的认可，因而产生人际交往障碍。懒惰的人还常因不愿担负社会责任而受到纪律处罚或舆论批评，存在许多社会适应问题。

谁都会有惰性，适当进行心理调节，克服自己的惰性，生活才会更加丰富多彩，更加令人满意。

有目标、有追求是克服惰性的根本。古人说，哀莫大于心死，没有目标的人缺乏追求，终日浑浑噩噩，无所事事。有目标就有所追求，也就对生活充满希望，让人生活更加充实，每个人都应该在事业上、家庭上树立自己的目标，并为实现目标辛勤劳作。每当有惰性出现时，想想目标的美好就会让人精神振作，加倍努力。

惰性较强的人应主动寻找生活压力。没有压力是好逸恶劳的人的通病，应比较客观地将自己与周围人作比较，找出与他人的差距，为什么别人就有所作为，自己却一事无成？为什么别人就受人尊敬，自己却被小瞧？感到自己不如人就会有迎头赶上的愿望，进而克服惰性，投身工作。

好逸恶劳的人还应引入监督机制，使自己置身于他人的督促之下，既然自己主动性差、管不住自己，不妨让自己的家人、朋友、同事监督自己的言行，在他人的帮助下克服惰性。

以下是几点克服懒惰的好方法，不妨试一试。

①树立责任心。

②培养热情积极的生活态度。

③树立高尚的生活目标和理想。

④保持规律生活。健康的生命活动是有规律进行的，一个人起居有常，三餐适时，劳逸适度是身体健康的保证。懒散之人往往散漫成性，生活杂乱无章，睡无时、食无量，身体各系统的功能活动很难与如此多变的环境相适应，久而久之，身体健康会受到摧残。

⑤坚持健身运动。健身房逊色于日常劳作，日常劳作是最好的运动方式，去健身房运动有时间、地点的限制，还要花费钱财，动作往往是单一机械地重复，不利于开动脑筋，既单调乏味又难以长久坚持。日常劳作多种多样，多需心眼手足一起活动，健身又健脑，且通过劳动还创造了美好的生活，自有一份收获的欣慰。这些良性刺激都有助于人的健美。

国外近年来热衷于家务劳作，除了健身之外，更重要的是追求亲情之乐趣。当总理的母亲为儿女婚嫁亲自油漆房子，总统星期天和儿子一块儿修汽车、钉狗房子，知名教授领着妻儿老小大冬天扫雪……他们考虑的当然不是节约开支，而是珍惜这种能和家人一道劳动的美好时光。为了自己的健康快乐与长寿，也为了家庭的美好与幸福，每个人都必须有健康的心态、清醒的头脑和各自不同的锻炼方法，来抵御祸害现代人健康的元凶——懒散。

悲观是人生最黑暗的深渊

悲观成习的人与"马大哈"性格的人截然相反。他没学到"马大哈"对人对己的办法，不会得过且过，也不能对人对己都马马虎虎，相反，处事谨慎，处处提防自己行为不要出格。一旦有了行为的失检，总是害怕大难临头。同时，悲观的人也有很强的"良心"自监力，即使没有什么严重后果，他也绝不饶恕自己。

人们都经历过一些小的失意，有人遇到这些失意时，觉得世间一切都不尽如人意，忧郁不安，悲观自怜，结果更加失意，以致失去了人生的幸福和欢乐。正确方法应是寻找产生沮丧悲观心理的原因，对症下药，寻求解决问题的良好途径。

改变悲观心理的一个办法是，避免老是看到自己的不足，而应突出自己的优势，重视自己的优势。随着积极思维自然而然地增加，消极思维自然就会减少了。突出优势的另一方面是最大限度地削弱失败的影响。尽管无法避免偶尔的失败，但是你可以控制失败对自己的影响，承认失败只是生活中的一部分，会使自己情绪好一些。过分强调失败，只会降低自信，使自己处于沮丧之中。

在工作和家庭环境没法改变的时候，"积极想象法"会使你对生活更乐观。你可以想象自己做了一些想做的事后，度过了一段非常愉快美好的日子。要知道，任何事情在想象中都是可能的。当你打算参加某项活动而又心存恐惧，就对自己说："我能做好这件事，我比别人更善于控制自己的情绪。"这种语言暗示法的好处是你对自己所说的话语往往能影响你的自我感觉，明显改善沮丧情绪。

多数沮丧悲观者对未来的担忧，正为自己建立越来越狭窄、有限的世界；假如你做些与他人合作的工作，受到他人的约束，你就得考虑自己以外的事情，生活也就会出现新的意义。愉快的社交活动对人们情绪的影响是任何一项奖赏都不能比拟的。当人们掌握了处理人际关系的技巧后，自重感增加，也会慢慢地赶走沮丧心情。

一个沮丧悲观的人老待在屋子里，便会产生禁锢的感觉。然而，当他离开屋子，漫步在林荫大道，就会发现心绪突然变了，怒气和沮丧也消失了，心中充满了宁静，自然的色彩给人带来阵阵快意。另外，任何一种体育锻炼都有助于克服沮丧，经常参加体育锻炼会使人精神振奋，避免消极地生活下去。

因此，转换自己的悲观情绪，其实并不难。

人类的所有行为，无论是乐观，还是悲观，都是"学"得的。因而悲观者的悲观性格，并非"命中注定"，而是"后天养成"的。悲观者可以力强而至，学成乐观。

那么，会有一些什么样的具体的办法能真正帮助我们正确地克服悲观性格所带来的负面影响呢？办法当然还是有的，当我们遭遇到失败或挫折而沮丧时，不妨试试下面这几招。

①越担惊受怕，就越遭灾祸。因此，一定要懂得积极心态所带来的力量，要相信希望和乐观能引导你走向胜利。

②即使处境危难，也要寻找积极因素。这样，你就不会

放弃取得微小胜利的努力。你越乐观，克服困难的勇气就越会倍增。

③以幽默的态度来接受现实中的失败。有幽默感的人，才有能力轻松地克服厄运，排除随之而来的倒霉念头。

④既不要被逆境困扰，也不要幻想出现奇迹，要脚踏实地，坚持不懈，全力以赴去争取胜利。

⑤不要把悲观作为保护你失望情绪的缓冲器。乐观是希望之花，能赐人以力量。

⑥当你失败时，你要想到你曾经多次获得过成功，这才是值得庆幸的。如果10个问题，你做对了5个，那么还是完全有理由庆祝一番，因为你已经成功地解决了5个问题。

⑦在闲暇时间，你要努力接近乐观的人，观察他们的行为。通过观察，你能培养起乐观的态度，乐观的火种会慢慢地在你内心点燃。

⑧要知道，悲观不是天生的。就像人类的其他态度一样，悲观不但可以减轻，而且通过努力还能转变成一种新的态度——乐观。

⑨如果乐观态度使你成功地克服了困难，那么你就应该相信这样的结论：乐观是成功之源。

贪婪是你永远无法填满的无底洞

贪婪指贪得无厌，即对与自己的力量不相称的事物的过分欲求。它是一种病态心理，与正常的欲望相比，贪婪没有满足的时候，反而是愈满足，胃口就越大。

贪婪心理的成因可从客观与主观两个方面来分析。

客观原因：中国古代就有"马无夜草不肥，人无横财不富""饿死胆小的，撑死胆大的"说法，反映了不劳而获的投机心理。它宣扬的不是勤劳致富而是谋取不义之财。受这种观念的影响，社会上确有一些不务正业，靠贪污、行骗过活的不法分子。

贪婪并非遗传所致，是个人在后天社会环境中受病态文化的影响，形成自私、攫取、不满足的价值观而出现的不正常的行为表现。

这一点，在那些沦为腐败分子的身上体现得较为典型。一般而言，贪婪心理的形成主要有以下几个方面。

1. 错误的价值观念

贪婪的人认为，社会是为自己而存在，天下之物皆为自己拥有。这种人存在极端的个人主义，是永远不会满足的。得陇望蜀，有了票子，想房子；有了房子，想位子；有了位子，想女子；有了女子，想儿子。即便"五子登科"，也不会满足。

2. 行为的强化作用

有贪婪之心的人，初次伸出黑手时，多有惧怕心理，一怕引起公愤，二怕被捉。一旦得手，便喜上心头，屡屡尝到甜头后，胆子就越来越大。每一次侥幸过关对他都是一种条件刺激，不断强化着那颗贪婪的心。

3. 攀比心理

有些人原本也是清白之人。但是看到原来与自己境况差不多的同事、同学、战友、邻居、朋友、亲戚、下属、小辈，甚至原来那些与自己相比各种条件差得远的人都发了财，心里就不平衡了，觉得自己活得太冤枉。由此生出一股贪婪之念，也学着伸出了贪婪的双手。

4. 补偿心理

有些人原来家境贫寒，或者生活中有一段坎坷的经历，便觉得社会对自己不公平。一旦其地位、身份上升，就会利用手中的权力向社会索取不义之财，以补偿以往的不足。

5. 侥幸心理

这种心态导致犯罪分子自我欺骗，我行我素，随着作案次数的增多，胆子越来越大，因而越陷越深。

6. 盲从心理

有些人认为，现在"大家都在捞，你捞我也捞"；"吃回扣"、不给好处不办事的现象很普遍；"捞"了也没事，查到的也不过那么几个，"大家都这样"，"老实人吃亏"，形成"捞了也白捞"的心理。

7. 功利心理

一些人把市场经济看成金钱社会，拜金成为他们的信条；一些人有失落感，认为"今天这个样，明天变个样，不知将来怎么样"；一些人滋长了占有欲，把市场等价交换原则引入工作中，

"有权不用，过期作废"，从而引发种种以权谋私、权钱交易。

8. 虚荣心理

一些教工、官员曾经表现较好，也为国家培养了很多人才，桃李满天下，一旦地位变了，权力大了，讨好的人多了，就开始飘飘然起来。

贪婪是一种过分的欲望。贪婪者往往超越社会发展水平，践踏社会规范，疯狂地向社会及他人攫取财物，给社会带来了极大的危害。若欲改正，是可以自我调适的，具体方法如下。

1. 自我反思法

自己在纸上连续20次用笔回答"我喜欢……"这个问题。回答时应不假思索，限时20秒钟，待全部写下后，再逐一分析哪些是合理的欲望，哪些是超出能力的过分的欲望，这样就可明确贪婪的对象与范围，最后对造成贪婪心理的原因与危害，自己作较深层的分析。分析自己贪婪的原因是有攀比、补偿、侥幸的心理呢，还是缺乏正确的人生观、价值观。分析清楚后，便下决心，要堂堂正正做人，改掉贪婪的恶习。

2. 格言自警法

古往今来，仁人贤士对贪婪之人是非常鄙视的，他们撰文作诗，鞭挞或讽刺那些索取不义之财的行为。想消除贪婪心理的人，应牢记那些诗文和名言，朝夕自警。

3. 知足常乐法

一个人对生活的期望不能过高。虽然谁都会有些需求与欲望，但这要与本人的能力及社会条件相符合。每个人的生活有欢乐，也有缺失，不能搞攀比。

心理调适的最好办法就是做到知足常乐，"知足"便不会有非分之想，"常乐"也就能保持心理平衡了。

走出自闭的牢笼寻求真正的自由

自我封闭是指个人将自己与外界隔绝开来，很少或根本没有社交活动，除了必要的工作、学习、购物以外，大部分时间将自己关在家里，不与他人来往。自我封闭者都很孤独，没有朋友，甚至害怕社交活动。自我封闭的心理现象在各个年龄层次都可能产生。儿童有电视幽闭症，青少年有因羞涩引起的恐人症、社交恐惧心理，中年人有社交厌倦心理，老年人有因子女成家和配偶去世而引起的自我封闭心态。

有封闭心态的人不愿与人沟通，很少与人讲话，不是无话可说，而是害怕或讨厌与人交谈，前者属于被动型，后者属于主动型。他们只愿意与自己交谈，如写日记、撰文咏诗，以表志向。自我封闭行为与生活挫折有关，有些人在生活、事业上遭到挫折与打击后，精神上受到压抑，对周围环境逐渐变得敏感，变得不可接受，于是出现回避社交的行为。

自我封闭心理实质上是一种心理防御机制。由于个人在生活及成长过程中常常可能遇到一些挫折，这些挫折引起个人的焦虑。有些人抗挫折的能力较差，使得焦虑越积越多，他只能以自我封闭的方式来回避环境，降低挫折感。

自我封闭心理与人格发展的某些偏差有因果关系。从儿童来讲，如果父母管教太严，儿童便不能建立自信心，宁愿在家看电视，也不愿外出活动。从青少年来讲，同一性危机是产生自我封闭心理的重要原因。该危机是青年企图重新认识自己在社会中的地位和作用而产生的自我意识的混乱，即指青年人在向各种社会角色学习技能与为人处世策略时所产生的自我意识的混乱。如果他没有掌握这些技能与策略，就意味着他没有获得自信心以进入某种社会角色，他不认识自己是谁，该做些什么，如何与他人相处。于是，他就没有发展出与别人共同劳动和与他人亲近的能力，而退回到自己的小天地里，不与别人有密切的往来，这样就出现了孤单与孤立。

自闭的人往往有些孤独。生活中犯过一些"小错误"，由于道德观念太强烈，导致自责自贬，自己做错了事，就看不起自己，贬低自己，甚至辱骂、讨厌、摒弃自己，总觉得别人在责怪自己，于是深居简出，与世隔绝。有些人十分注重个人形象的好坏，总是觉得自己长得丑。这种自我暗示，使得他们非常注意别人的评价，甚至别人的目光，最后干脆拒绝与人来往。有些人由于幼年时期受到过多的保护或管制，他们内心比较脆弱，自信心也很低，只要有人一说点什么，就乱对号入座，心里紧张起来。

自闭总是给我们的生活和人生带来无法摆脱的沉重的阴影，让我们关闭自己情感的大门，没有交流和沟通的心灵只能是一片死寂。因此，一定要打开自己的心门，并且从现在开始。

自闭的人，需要改变自己。

首先，要乐于接受自己，有时不妨将成功归因于自己，把失败归结于外部因素，不在乎别人说三道四，"走自己的路"，乐于接受自己。

其次，要提高对社会交往与开放自我的认识。交往能使人的思维能力和生活功能逐步提高并得到完善；交往能使人的思想观念保持新陈代谢；交往能丰富人的情感，维护人的心理健康。一个人的发展高度，决定于自我开放、自我表现的程度。克服孤独感，就要把自己向交往对象开放。既要了解他人，又要让他人了解自己，在社会交往中确认自己的价值，实现人生的目标，成为生活的强者。

再次，要顺其自然地去生活。不要为一件事没按计划进行而烦恼，不要对某一次待人接物做得不够周全而自怨自艾。如果你对每件事都精心对待以求万无一失的话，你就不知不觉地把自己的感情紧紧封闭起来了。

应该重视生活中偶然的灵感和乐趣，快乐是人生的一个重要标准。有时让自己高兴一下就行，不要整日为了目的，为解决一项难题而奔忙。

最后，不要为真实的感情刻意去梳妆打扮。如果你和你的挚友分离在即，你就让即将涌出的泪水流下来，而不要躲到盥洗室去。为了怕别人道短而把自己身上最有价值的一部分掩饰起来，这种做法没有任何意义。

生活中许许多多的事都是这样，遵从你的心，听取你心灵的声音，如巴鲁克教授所说，这样即使做错了事，我们也不会太难过。

暴躁的性格是发生不幸的导火索

一个人性格暴躁的最直接表现就是非常容易愤怒。愤怒是一种很常见的情绪，特别是年轻人，比如，血气方刚的小伙子。他们往往三两句话不对，或为了一点小事情就大打出手，造成十分严重的后果。

其实，愤怒是一种很正常的情绪，它本身不是什么问题，但如何表达愤怒则易出问题。

有节制地表达愤怒会提高我们的自尊感，使我们在自己的生存受到威胁的时候能勇敢地战斗。

脾气暴躁，经常发火，不仅是强化诱发心脏病的致病因素，而且会增加其他患病的可能性，它是一种典型的慢性自杀。因此，为了确保自己的身心健康，必须学会控制自己，克服爱发脾气的坏毛病。

怎样有效地抑制生气和不友好的情绪，使自己更融于他人呢？这主要在于自己的修养和来自亲人朋友的帮助与劝慰。实验证明：在行为方式有所改善的人中，死亡率和心脏病复发率会大大下降。

为了控制或减少发火的次数和强度，必须对自己进行意识控制。当愤愤不已的情绪即将爆发时，要用意识控制自己，提醒自己应当保持理性，还可进行自我暗示："别发火，发火会伤身体。"有涵养的人一般能控制住自己。

同时，及时了解自己的情绪，还可向他人求得帮助，使自己遇事能够有效地克制愤怒。只要有决心和信心，再加上他人对你的支持、配合与监督,你的目标一定会达到。

一般来说,性格暴躁的人都有如下的一些表现。

①情绪不稳定。他们往往容易激动。别人的一点友好的表示,他们就会将其视为知己;而话不投机,就会怒不可遏。

②多疑,不信任他人。暴躁的人往往很敏感,对别人无意识的动作,或轻微的失误,都看成是对他们极大的冒犯。

③自尊心脆弱,怕被否定,以愤怒作为保护自己的方式。有的人希望和别人交朋友,而别人让他失望了,他就给人家强烈的羞辱,以维护自己的自尊心,也就永远失去了和这个人亲近的机会。

④不安全感,怕失去。

⑤从小受娇惯,一贯任性,不受约束,随心所欲。

⑥以愤怒作为表达情感的方式。有的人的父母的教育模式就是打骂,所以他也学会了用拳头作为表达情绪的唯一方式。甚至,愤怒有时候是表达爱的一种方式。

⑦将别处受到的挫折和不满情绪发泄在无辜的人身上。

应当说,性格是一个人文化素养的体现。但凡有文化、有知识、有修养者,往往待人彬彬有礼,遇事深思熟虑,冷静处置,依法依规行事,是不会轻易动肝火的。而大发脾气者,大多是缺乏文化底蕴的人,他们似干柴般的暴躁性格,遇火便着,任凭自己的性情脱缰奔驰,直至撞墙碰壁,头破血流,惹出事端。

所以,总是易暴躁的人,提高自己的素质修养刻不容缓。

下面的八条措施将帮助你完成改变暴躁性格这一心理、生理转变过程，臻于性格的完善。

1. 承认自己存在的问题

请告诉你的配偶和亲朋好友，你承认自己以往爱发脾气，决心今后加以改进。要求他们对你支持、配合和督促，这样有利于你逐步达到目的。

2. 保持清醒

当愤愤不已的情绪在你脑海中翻腾时，要立刻提醒自己保持理性，你才能避免愤怒情绪的爆发，恢复清醒和理性。

3. 推己及人

把自己摆到别人的位置上，你也许就容易理解对方的观点与举动了。在大多数场合，一旦将心比心，你的满腔怒气就会烟消云散，至少觉得没有理由迁怒于人。

4. 诙谐自嘲

在那种很可能一触即发的危险关头，你还可以用自嘲从危机中解脱出来。"我怎么啦？像个3岁小孩，这么小肚鸡肠！"幽默是化解脾气的最好手段。

5. 训练信任

开始时不妨寻找信赖他人的机会。事实会证明：你不必设法控制任何东西，也会生活得很顺当。这种认识不就是一种意外收获吗？

6. 反应得体

受到不公正对待时，任何正常的人都会怒火中烧。但是无论发生了什么事，都不可放肆地大骂出口，而该心平气和、不抱成见地让对方明白，他的言行错在哪儿，为何错了。这种办法给对方提供了一个机会，在不受伤害的情况下改弦更张。

7. 贵在宽容

学会宽容，放弃怨恨和报复，你随后就会发现，愤怒的包袱一旦从双肩卸下来，放弃错误的冲动就会变得容易得多。

8. 立即开始

爱发脾气的人常常说："我过去经常发火，自从得了心脏病，我认识到以前那些激怒我的理由，根本不值得大动肝火。"请不要等到患上心脏病才想到要克服爱发脾气的毛病，从今天开始修身养性不是更好吗？

一位哲人如是说："谁自诩为脾气暴躁，谁便承认了自己是一名言行粗野、不计后果者，亦是一名没有学识、缺乏修养之人。"细细品味，煞是有理，"腹有诗书气自华"。愿我们都能远离暴躁脾气，做一个有知识、有文化、有修养的人。

能够自我控制是人与动物的最大区别之一。所以脾气虽与生俱来，但可以调控。多学习，用知识武装头脑，是调节脾气的最佳途径。知识丰富了，修养提高了，法纪观念增强了，脾气这匹烈马就会被紧紧牵住，无法脱缰去招惹是非。甚至刚刚露头，即被"后果不良"的意识所制约，最终把上窜的脾气压下，把不良后果消灭在萌芽状态。

冲动是魔鬼

冲动是指在理性不完整的状况下的心理状态和随之而来的一系列行为。打架斗殴都在这种情况下发生。来自深圳市中级人民法院的数据显示："冲动杀人"成为治安一大忧患，其中，20～30岁青壮年男性最易一时冲动起杀意。一些人仅因一件小事、一句口角，一时冲动便起意伤人、杀人。当然，杀人偿命、欠债还钱是法治社会最基本的准则，为此付出沉重代价的人，事后往往悔不当初，而旁观者则对他们迟来的觉醒摇头叹息。

研究发现，下面这些人的冲动指数相当高。

①价值观不正确，摆不正自己位置的人。
②无所事事，无法分散体力、精力的人。
③在节律周期的临界日，特别是在情感曲线的临界日的人。
④人体内环境失衡，如甲亢等内分泌失调的人。

一个冲动的人，在他做出冲动的举动之前是很欠考虑的，甚至是没有考虑过的，而只是凭一时的冲动而行动的，最终导致严重的后果，后悔莫及，尤其是血气方刚的年轻人，最容易冲动，然后在事后又追悔莫及。因此，我们应该时刻提醒自己改掉冲动的毛病。在此提供一些方法作为参考：

1. 用理智战胜冲动

理智者遇上不顺心之事，一般都能三思而后行。凡吃五谷者都有一时激愤或消沉的时候,这是个危险时段,很多不正确的判断常常是在不冷静的时刻做出的,判断失误必然导致行为欠妥,如果能在最短的时间内让头脑降温,就会掐掉一根危险的导火线。

2. 提高文化素养

能否理智行事又与文化程度的高低成正比。深圳法院的调查报告显示:"冲动杀人的罪犯大多仅有初中以下文化程度,文化程度低下、缺乏自控能力是逞一时之快杀人的重要原因。"众所周知,法律对一些欲铤而走险的人能起警示作用,可是,如果文化程度低下,加之法律意识淡薄,无知无畏,那就极其容易走向犯罪的深渊。

3. 用外人的眼光看问题

"当局者迷,旁观者清。"在日常生活中,我们每个人都曾作为局外人观看过别人吵架,这时候,无论是哪一方的言行,其失当和偏颇之处较易觉察。因此,如果人们能以局外人的头脑观察自己,则善莫大焉。"冲动是魔鬼",我们应该时刻谨记这句话,并在我们情绪失控的时刻以此自省。任何事情都应该三思而后行,一时的冲动只能让结果变得更坏。

抑郁是灵魂在疼痛

每个人都会有不快乐和心情不好的时候。抑郁是人们常见的情绪困扰，是一种感到无力应付外界压力而产生的消极情绪，常常伴有厌恶、痛苦、羞愧、自卑等情绪。它不分性别年龄，是大部分人都有过的体验。对大多数人来说，抑郁只是偶尔出现，历时很短，时过境迁，很快就会消失。但对有些人来说，则会频繁发作，经常地、迅速地陷入抑郁的状态而不能自拔。当忧郁一直持续下去，愈来愈严重，以致无法正常过日子时，即称为忧郁症。

有些抑郁症患者倾向于退居人群之外，他们对周遭的事物失去兴趣，因而无法体验各种快乐。对他们而言，每种事物都显得晦暗，时间也变得特别难熬。他们通常脾气暴躁，而且常试着用睡眠来驱走抑郁或烦闷，或者他们会随处坐卧、无所事事。大部分人所患的抑郁症并不严重，他们仍和正常人一样从事各种活动，只是能力较差，动作较慢。

除出现情绪抑郁外，尚有身体上的变化，常见的症状有。

①在吃、睡及性方面会失去兴趣或出现困难。
②对外在事物漠不关心。
③消化不良、便秘及头痛。
④与现实脱节。
⑤无故而发的罪恶感及无用感。
⑥幻想。
⑦退缩。

为什么有些人会得抑郁症，有些人却不会？专家认为可能导致你患上抑郁症的原因有以下方面。

1. **遗传基因**

抑郁症跟家族病史有密切的关系。研究显示：父母中1人得忧郁症，子女得病几率为25%；若双亲都是抑郁症病人，子女患病率则高达50%～75%。

2. **环境诱因**

令人感到有压力的生活事件及失落感也可能诱发抑郁症，如丧偶（尤其老年丧偶，几乎八九成的人会得此病）、离婚、丢掉工作、财务危机、失去健康等。

3. **药物因素**

对一些人而言，长期使用某些药物（如，一些高血压药、治疗关节炎或帕金森症的药）会造成抑郁症状。

4. **罹患慢性疾病**

如，心脏病、中风、糖尿病、癌症以及阿兹海默症的病人，得抑郁的概率较高。甲状腺功能亢进，即使是轻微的情况，也会患上抑郁症。抑郁症也可能是严重疾病的前兆，如，胰脏癌、脑瘤、帕金森症、阿兹海默症等。

5. **个性**

自卑、自责、悲观等，都较易患上抑郁症。

6. **抽烟、酗酒与滥用药物**

过去，研究人员认为抑郁症患者能借助酒精、尼古丁与药物来舒缓抑郁情绪。但新的研究结果显示：使用这些东西实际上会引发抑郁症及焦虑症。

7. 饮食

缺乏叶酸与维生素B12可能引起抑郁症状。其中，我们特别要提到的是，现今生存环境的压力日益严峻，是许多人患上抑郁症的重要原因。随着时代的演变，社会上的工作形式已从原来的劳力密集，转变成为知识密集。许多人把工作当作生活的重心，超时的工作者比比皆是。工作时间过长，也使得家庭、社区生活贫乏，导致家庭成员相互支持，彼此抚慰的功能降低，在没有适时疏解压力及疲劳的情况下，越来越多的人罹患抑郁症等病症，从而使得脱离职场人数越来越多。

抑郁是一种很常见的情绪障碍，长期抑郁会使人的身心受到损害，使人无法正常地工作、学习和生活。但也不需要过分担心。经过适当的调适后，大多数人都可以恢复正常、快乐的生活。

你可以参考下面介绍的一些方法。

1. 自己调节情绪，逐步改善心境，从而使生活重归欢乐

抑郁患者要想消除抑郁情绪，首先应该停止对自身及周围世界的埋怨，明确自己的认知错误根源于以感觉作依据来思考问题。因为感觉不等于事实。每当你焦虑、抑郁时，切记以下几个关键步骤。

第一步，记录。瞄准那些消极的想法，并把它们记下来，别让它们占据你的大脑。

第二步，反思。读一遍本文提及的几种认知扭曲的模式，准确地找出你是怎样曲解事实的，一定要击中要害。

第三步，改变思维方式，调整心态。用更为客观的想法取代扭曲的认知，彻底驳斥那些让你自己瞧不起自己、自寻烦恼的谬论。

2. 扩大人际交往

悲观的人周遭大部分都是悲观者，而乐观的人身边亦多为乐观者，因此要想改变命运，你必须要和乐观者学习。不要拘泥于自我这个小天地，应该置身于集体之中，多与人沟通，多交朋友，尤其多和精力充沛、充满活力的人相处。这些洋溢着生命活力的人会使你更多地感受到事物的光明和美好。

3. 学会宣泄

要善于向知心朋友、家人诉说自己不愉快的事。当处于极其悲哀的痛苦中时，要学会哭泣。另外，多参加文体活动、写日记、写不寄出的信等，都可以帮助消除心理紧张，避免过度抑郁。

4. 好的生活习惯——尽可能地使生活有规律

规律与安定的生活是抑郁症患者最需要的，早睡早起、按时起床、按时就寝、按时学习、按时锻炼等有规律的活动会简化你的生活，使你有更多的精力去做别的事情，保持身心愉快。而多完成一件事，就会使人多一份成就感和价值感。

5. 阳光及运动

多接受阳光与运动对于抑郁症病人有有利的作用，多活动活动身体，可使心情得到意想不到的放松，阳光中的紫外线可或多或少改善一个人的心情。

6. 药物疗法

使用的是抗抑郁剂,如果一旦出现了抑郁症,我们应该找专门的精神科医生进行治疗,依照指示服药,不可以讳疾忌医,以免贻误病情。而且用药也不要好了就停,要继续服药直到完全好了为止。注意不要和其他药物混合使用,否则可能会产生危险的副作用或降低药效。同时配合心理治疗,心理治疗可以让患者学会处理生活问题及修正性格。

7. 饮食疗法

吃糖类食品对脑部似乎有安定的作用,蛋白质则可提高警觉性。要多吃含有必需脂肪酸、糖类及蛋白质的食物。鲑鱼和白鱼都是好的来源。避免进食富含饱和脂肪的食物,如猪肉或油炸食物。脂肪会抑制脑部合成神经冲动传导物质,并造成血球凝集,导致血液循环不良,尤其是脑部。

所以,尽量让自己的饮食可以综合糖类和蛋白质这两种营养素,让脑部活动达到平衡。比如,选用全麦面包制作火鸡肉三文治就是一种很好的综合食品。如果你感到紧张而希望能够振作起精神,则可以多吃蛋白质。有抑郁症倾向者,不妨尝试多摄取富含蛋白质和多糖类的食物,例如,火鸡和鲑鱼,对提升精神状态会有所帮助。

偏执的结果只会是此路不通

所谓偏执是指人的意见、主张等过火，多存在于青少年中。性格和情绪上的偏执，是为人处世的一个不可小觑的缺陷，是一种心理疾病。它的产生源于知识上的极端贫乏，见识上的孤陋寡闻，社交上的自我封闭意识，思维上的主观唯心主义等。

偏执的人的感觉往往是极度过敏的，对侮辱和伤害耿耿于怀；思想行为固执死板，敏感多疑，心胸狭隘；爱嫉妒，对别人获得成就或荣誉感到紧张不安，妒火中烧，不是寻衅争吵，就是在背后说风凉话，或公开抱怨和指责别人；自以为是，自命不凡，对自己的能力估计过高，惯于把失败和责任归咎于他人，在工作和学习上往往言过其实；同时又很自卑，总是过多过高地要求别人，但从来不信任别人的动机和愿望，认为别人存心不良；不能正确、客观地分析形势，有问题易从个人感情出发，主观片面性大；如果建立家庭，常怀疑自己的配偶不忠等。这种人格的人在家不能和睦，在外不能与朋友、同事相处融洽，别人只好对他敬而远之。

偏执的人常常广泛猜疑，常将他人无意的、非恶意的甚至友好的行为误解为敌意或歧视，或无足够根据，怀疑会被人利用或伤害，因此过分警惕与防卫，或是将周围事物解释为不符合实际情况的"阴谋"，或是过分自负，若有挫折或失败则归咎于人，总认为自己正确，或是好嫉恨别人，对他人过错不能宽容，或是脱离实际地与他人争辩与敌对，固执地追求个人不够合理的"权利"或利益……

偏执不仅仅对人的心理产生不良的影响，它也时刻危害到身体的健康，现代医学研究表明：偏执的人不但妨碍了健全的精神面貌，而且还会导致神经系统与内分泌系统的功能紊乱，进而影响到人的正常生理代谢过程，使人体的免疫能力降低，易患多种疾病。如，神经官能症、消化道溃疡、高血压、冠心病等身心疾病，并使人早衰，缩减寿命。

偏执的性格也同样是可以通过后天的努力来加以改正的，以下的几种方法是比较科学有效的，希望能对性格偏执的人有所帮助。

1. 从书籍中获得抚慰

法国数学家、哲学家笛卡儿说过："读一些好书，就是和许多高尚的人谈话。"实验表明，经常阅读伟大人物的传记，更能使那些固执的人得到心灵上的慰藉。丰富的知识使人聪慧，使人思想开阔，使人不至于拘泥于教条的陈规陋习。但是应该注意的是，越有知识越要谦虚，这是做人的美德。为人处世要尊敬和信任他人，多培养宽容的态度。不要过于欣赏自己的成绩，议论别人的不足。不要去计较那些微不足道的事情。要和勤奋好学、谦虚谨慎、品德优良的人多交往，养成虚心向别人求教的习惯。

2. 克服虚荣心，培养高尚的情趣

人无完人，谁都会有缺点和错误，这用不着掩饰。我们要以真诚的态度来对待生活，要树立远大的目标，追求美好、崇高的东西。不要整天把心思放在修饰打扮和赶时髦上。更不要夸夸其

谈，不懂装懂。

3. 加强自我调控

要学会克制自己的抵触情绪，杜绝无礼的言语和行为。对自己犯的错误，要主动承认，学会运用幽默，给自己找个台阶下来，不要顽固地坚持自己的观点。

如果已经意识到了平日的行为有些偏执，就要提醒自己不要陷于"敌对心理"的旋涡中。事先自我提醒和警告，处世待人时注意纠正，这样会明显减轻敌对心理和强烈的情绪反应。要懂得只有尊重别人，才能得到别人的尊重的基本道理。要学会对那些帮助过你的人说感谢的话，而不要不痛不痒地说一声"谢谢"，更不能不理不睬。要学会向你认识的所有人微笑，可能开始时你很不习惯，做得不自然，但必须这样做，而且努力去做好。要在生活中学会忍让和耐心。生活在复杂的大千世界中，冲突纠纷和摩擦是难免的，这时必须忍让和克制，不能让仇恨的怒火烧得自己晕头转向。

4. 养成善于接受新事物的习惯

固执常和思维狭隘，不喜欢接受新东西，以及对未曾经历过的东西感到担心相联系。为此我们要养成渴求新知识，乐于接触新人新事，并学习其新颖和精华之处的习惯。

然而，要改变偏执行为，还必须分析自己的非理性观念。如：

①我不能容忍别人一丝一毫的不忠；

②世上没有好人，我只相信自己；

③对别人的进攻，我必须立即予以强烈反击，要让他知道我比他更强；

④我不能表现出温柔，这会给人一种软弱的感觉。

要想改变偏执心理，就要对这些观念加以改造，以除去其中极端偏激的成分。如：

①我不是说一不二的君王，别人偶尔的不忠应该原谅；

②世上好人和坏人都存在，我应该相信那些好人；

③对别人的进攻，马上反击未必是上策，而且我必须首先辨清自己是否真的受到了攻击；

④我不敢表示真实的情感，这本身就是软弱的表现。

每当故态复萌时，就应该把改造过的合理化观念默念一遍，以此来阻止自己的偏激行为。有时自己不知不觉表现出了偏激，事后应重新分析当时的想法，找出当时的非理性观念，然后加以改造，以防下次再犯。

第二节　培养和锻造十二种成功的性格

学习是一种爱好，学习是一种兴趣，学习是一种状态，学习是一种追求，学习是一种获得，学习是一种提升，学习是一种熔炼，学习是一种滋润。但凡成功者都是勤于学习的人。成功者因为学习而实现超越。即使我们现在不成功，也要通过学习及时地为自己充电，勇敢地涉足自己不曾了解的知识领域。

自我充实，不断进取——培养学习型性格

朱熹说："无一事而不学，无一时而不学，无一处而不学，成功之路也。"

世界级管理大师彼得·圣吉说："21世纪最具生命力的企业将是学习型的企业。"美国最具影响力的杂志《财富》也曾刊登过这样一句话："未来最成功的公司，将是那些基于学习型组织的公司。"

由此可见，无论是个人还是公司，学习都是如此的重要，而勤于学习也是成功人士的秘诀。所以，我们要想成功，只有通过学习，不断提高自己，不断完善自己，不断超越自己。这是走向

成功的唯一选择。

当然,学习过程中要管理好自己的时间,也要讲求方法和效率。

学习时可以遵循以下方法来管理时间。

①学会给时间画图纸。有效管理时间就要养成良好的利用时间的习惯,办事不拖延,不必事必躬亲,在记事本上记录重要的事情,尽量一次性完成一项工作,劳逸结合;分清轻重缓急,今天的事情今天办。

②学会占有时间。时间是无私的,它给每个人的一天都是24个小时。只有学会占有时间,才不会让自己活在空虚无聊之中。

③向空间要时间。比如,在早上起床时,可以听听新闻或听听英语,让耳朵发挥作用,这样可以学到更多的东西;在卧室或洗手间的镜子上,贴上各种知识小卡片或者制作一些可以随身携带的知识卡片,以便随时都可以学习。如果充分利用生活中的更多空间,我们就会发现以前很多没有时间做的事情现在都可以做到。

④做时间的小偷。爱因斯坦就是著名的时间小偷。他在研究相对论的时候,专利局规定上班时间不准做私事,所以爱因斯坦只好在工作间隙偷偷做,他把抽屉拉开一个间隙,拿出一张纸,一边演算,一边听着门外,听到脚步声,他就马上把纸放进抽屉,躲过检查。

总之,一个会管理时间的人,永远也不会觉得时间不够用,因为他会从各个方面找到时间。他也懂得珍惜每一分钟,合理利用每一分钟。

下面我们来说一说学习的方法和效率。掌握了正确的学习方法，效率自然会有所提高。

让学习成为一种习惯。习惯一旦形成，便很难改变，所以，我们要让学习成为一种习惯，只有这样，我们才能让自己每时每刻都处于一种学习的状态。

要会学习。爱学习不等于会学习，有的人学习一天可能也没有别人学习一个小时的效率高，这是因为他不会学习。学习要使用科学的方法，如，训练创造性思维，复杂问题简单化，自由想象；利用身边的一切资源丰富自己的知识，选择适合自己的学习方法等。只有根据自己的实际情况，才能找到适合自己的方法。

学习要有目标。目标能给人动力，目标能给人指明方向。不管做任何事都要有目标，学习也不例外。只有朝着既定的目标方向努力，才会有收获，才会成功。

总而言之，培养学习型性格是时代的需要，是发展的需要，是成功的需要，更是生存的需要。我们每个人都应该培养自己的学习型性格。

三思后行，灵光乍现——培养善思型性格

思索，可以改变贫穷，创造财富；思索，可以改变命运，创造奇迹；思索，可以改变愚昧，创造智慧。成功的人生，离不开理智的思索。每天我们都要面对各种各样的困惑，只有通过思

索，我们才能打开困惑之门；只有通过思索，我们才能找到希望；只有通过思索，我们才能充满智慧；只有通过思索，我们才能勇于创新，与时俱进。只有创新才能让我们的头脑永远保持清醒，让我们的心永远年轻。

世界上勤奋的人难以计数，但在事业上获得成功的人却不是很多，那是因为不是每个人都会正确地思考。如果善于用脑，拼命去做，你会发现，希望就在前面闪烁。都说足智多谋，所谓"谋"，即谋算、计谋。考虑计算得失利弊，谋划可能产生的结果。以最低的价格，最小的风险，谋取最高的利益；以最快、最好的策略方法去谋取目标的实现。这是多谋的理想与目的。多谋的关键是什么？是符合自己现实条件的合算。一件事究竟怎么做才合算，必须审时度势，作慎重的调查分析。某个方法看起来先进，但不一定符合你现有的条件和实际情况。

松下幸之助就是很好地运用了他的善思性格并最终取得成功的典型例子。

1917年，松下幸之助在确立自己事业方向上，靠的就是在自己智慧基础上形成强烈的超前意识。严格地讲，松下幸之助能同电器结下不解之缘并没有内在的必然联系，他的祖上经营土地，父亲从事米行，而他进入社会首先是涉足商业，所有这些都与电器制造相去甚远，况且有关电的行业在当时更是凤毛麟角。然而，他深信电作为一种新式能源，在给人类带来方便的同时，也会带来更多的欲望。

20世纪50年代，松下幸之助第一次访问美国和西欧时发现：欧美强大的生产主要基于民主的体制和现代的科技，尽管日本在上述方面还相当落后，然而这一趋势将是历史的必然。松下幸之助正是把握住了这一超前趋势，在日本产业界率先进行了民主体制改革。政治上给予产业充分的自主权，建立了合理的劳资体制和劳资关系；经济上他改革了日本的低工资制，使职工工资超过欧洲，接近美国水平，并建立了必要的职工退休金，使员工的物质利益得到充分满足；劳动制度上实现每周五天工作日，这在当时的日本还是第一家。松下幸之助认为：这一改革并非单纯增加一天休息，而是为了进一步促进产品的质量，好的工作成就产生愉快的假日；愉快的假日情绪会导致更出色的工作效率。只有这样，生产才能突飞猛进，效益才能日新月异。

人的一生都需要思索。失败的时候，需要冷静的思索；成功以后，需要理性的思索；困惑面前，需要积极思索；人生转折的关键时刻，需要认真思索；遇到棘手的问题，需要果断思索；众议迭出、莫衷一是的时候，需要全面的思索。总之，思索将伴随人的一生。要学会思索，可以参考以下几条建议。

1. 勤于思索

要养成思索的习惯，凡事都要进行思考，才能找出正确的解决办法。不经过思考的话和不经过思考的事都不要贸然去说、贸然去做。养成勤于思索的习惯，还可以使一个人善于动脑，形成缜密细致的性格。

2. 不断思索

思索是一个连续的、不间断的思维过程，因此，在解决问题的过程中，要不断地思索，对各个环节、各个细节都要进行充分的考虑，这样才能避免出现差错和漏洞。

3. 透过现象看本质

现象只是表面的东西，每一个现象的背后都有问题的本质，我们只有留心每一个现象，才可以发现问题的本质。只凭借现象做出的判断是不准确的，学会思索，看清现象后的实质，才能做出正确判断。

4. 学会进行总结

思索是用大脑对信息筛选、过滤、综合的过程，思索的目的就是要得到结论。因此，我们在思索的过程中要进行总结，这样思索的过程才会是有意义的。

5. 不断地反省自己

古语有云："吾日三省吾身。"我们只有不断地反躬自省，不断地检查自己的行为和思想，找到自己的缺陷和不足，才能提高思索的质量。

6. 凡事多问为什么

一个问题的解决，往往隐藏着很深的答案；一个问题的原因，往往也有很多的方面。只满足于表面的答案，会限制思维的发展，不利于问题的解决。因此，对任何问题都要多问几个为什么，追根究底，挖掘思索的潜力，说不定答案与现象是不一致的。

改变命运，不靠他人——培养独立型性格

美国成功学家、教育学家柯维把人生的成长分为3个层次：分别是依赖、独立、互赖。

依赖的着眼点在对方——对方照顾我，对方为我的成败得失负责任，事情若有差错，我便怪罪于对方。

独立着眼于自己——我可以自立，我为自己负责，我可以自由选择。

互赖是从大家的观念出发——我们可以自主、合作、集思广益，共同开创美好的人生。

第一个层次的人依赖心重，靠别人来完成愿望；第二层次的人独立自主，自己打天下；第三层次的人，他们群策群力达到成功。

在依赖阶段，如果生理上无法自立，比如，身体残疾，便需要别人的帮助；情感上不能独立，他的价值观和安全感就要建立在别人的评价上，一旦无法取悦别人，个人便失去价值；知识上无法独立，就要依赖别人代为思考，解决生活中的大小问题。

在独立阶段，生理上独立的可以行动自主；心智独立的人可以有自己的思想，具备抽象思考、创造分析、组织与表达能力；情感上独立的人能够肯定自我，不在乎外界的毁誉。

由此可见，独立比依赖成熟得多，拥有真正独立的人格，能够事事操之在我，不受制于人。

一个人的奋斗过程，也就是追求独立的过程，包括生存独立、经济独立、思想独立、感情独立、人格独立、意志独立等。

独立可以成就一个人的一生。养成了独立的性格，我们就可以主宰命运，就可以做命运的主人。

著名作家刘墉为了培养儿子独立的性格，锻炼儿子的独立生存能力，在儿子上高中时，他把儿子送到一所离家很远的学校。

母豹在小豹长大以后，要将小豹领到悬崖上，狠心地将其往悬崖下推，迫使它不得不用爪子牢牢地抓住崖下的石头往上爬，其实这也是为了锻炼小豹独立的生存能力。

有位哲人说过："一个没有经历过磨难的生命，会存在许多的遗憾。"一个人一生中不可能一帆风顺，总有面对友爱、挫折、困难的时候。我们是否是一个性格独立的人，才是能否成功的关键。

独立，就意味着离开家的庇护，离开对朋友的依赖，自己独立去走自己的路。我们应该清楚自己才是自己的主人，只有自己才能帮助自己到达成功的顶峰。郑板桥说过："流自己的汗，吃自己的饭。"这是对独立的最好解释。如果不靠自己的努力，那谁也保证不了你的成功。

一个人只有彻底摒弃依附别人的个性，养成独立的性格，才不会把自己的命运寄托在所依附的人身上，也只有这样，才会拥有成功的人生。

勇往直前，敢于冒险——培养冒险型性格

很多人都向往稳定的生活，总是认为冒险的风险太大，而不愿意去尝试，但却不知道机遇和成功往往隐藏在冒险的背后。试

想，如果人类没有了冒险，世界将会是什么样子？如果没有哥伦布的冒险，美洲可能到今天也无人知晓；如果没有比尔·盖茨的冒险，人类怎么可能走入多元的 E 时代？如果没有科学家的一次次冒险，人类的科技怎么可能如此发达？

当然，也没有人生下来就敢于去冒险，无所畏惧，但我们可以以生活中的一些小事来一点一滴地培养自己的冒险性格。

首先，让自己有去开拓一次冒险的勇气。

无论做任何事情，如果一个人连开拓的勇气都没有，那么，他还没有开拓便失败了。因此，勇气是培养冒险性格的第一步。

誉满全球的美国玫琳凯化妆品公司的创始人玫琳凯说："我认为，放手让人们去冒险，允许他们在冒险时犯错误，这是非常重要的。这是一条刺激人们进步并富有创新精神的最好途径。"

玫琳凯首次举办化妆品展销就砸了锅，她当时急于想证明可以在三五成群的女子中销售自己的产品，也希望自己的展销会大获成功，但那天她一共只卖出了五毛钱。离开展销地点后，她在一个角落里大哭起来。

这时她开始怀疑自己当初的冒险是否正确，因为她把毕生的积蓄都投入了公司，一旦失败将一无所有。她问自己："你究竟错在哪里？"这一问使她恍然大悟——她竟从来没有请人订货！忘了往外发订单，而只是指望顾客自己上门买东西。

这一次的冒险使她明白了自己的错误关键所在，第二次的展销会上没有再重蹈覆辙，获得了巨大的成功。

当然，没有人愿意失败，尤其是在冒险的前提下，你必须知道哪些风险该冒，哪些风险不值得，然后你还必须对自己有足够的了解和评估，这样你才会有足够的勇气来开拓你的冒险。

其次，要敢于去冲破禁区。

生活中往往会有很多禁区或障碍无时无刻不在阻止我们冒险、进取的步伐，因此，敢于去冲破禁区也是冒险中很重要的一步，只有冲破了固有的，才能发现新的。

在一家发展效益不错的公司里，有一次，总经理叮嘱全体员工："谁也不要走进7楼那个没挂门牌的房间。"员工们都牢牢地记住了。

不久后，公司新招聘了一批员工，总经理也向他们作了同样的交代。

"为什么？"这时有个年轻人嘀咕了一声。

"不为什么。"总经理满脸严肃地答道。

回到岗位上，年轻人还在不解地思考着总经理的叮嘱，其他人便劝他干好自己的工作，别瞎操心，但年轻人执意要走进那个房间去看看。

他轻轻地叩门，没有反应，再轻轻一推，虚掩的门开了，只见里面放着一个纸牌，上面用红笔写着——把纸牌送给总经理。

这时，得知年轻人闯入那个房间的同事开始为他担忧，于是，都劝他赶紧把纸牌放回去，大家替他保密，但年轻人却直奔15楼的总经理室。

当他将纸牌交到总经理手中时，总经理宣布了一项惊人的决定——即刻任命他为销售部经理。

"就因为我把这张牌拿来了？""没错，我已经等了快半年了。相信你能胜任这份工作。"总经理充满信心地说。

果然，年轻人升为销售经理后把销售部的工作搞得红红火火。

这位年轻同事的成功告诉我们，只有思想上的绝对禁区，没有行动上的绝对禁区。总经理说办公室不让进，但并不是进不去。虽然每个人都想知道为什么不让进，但如果不进去是永远不可能知道的，关键是想不想进，敢不敢冲破它。

冲破禁区，你会看到成功在向你招手。

最后，一定要坚信没有做不到的。

其实，"能"还是"不能"完全取决于你的信念，你认为能，你就能。当别人告诉我们要"实际一点"的时候，他们也许是没有恶意，有的甚至有可能是发自内心的善意，但是他们的话常常会引发我们内心的恐惧与不安，使我们害怕尝试冒险，自我设限，生活也变得千篇一律、原地踏步。

事实上，"你做不到"并不是真理。除非你确实试过，否则没有人能肯定地说"不可能"——因为没有任何人知道。

几乎每一个伟大的构想在开始的时候，没有几个人能想到它真的可行。在飞机发明之前，科学家认为飞行是不可能的；在麻醉药发明之前，医生坚信无痛手术是不可能的；在原子弹发明之前，科学家也都相信原子是不可能分裂的，原子弹的构想根本是无稽之谈；蒸汽机发明之前，就有人数落富尔顿："你有没有搞错，先生！你要在甲板下生起一团火，让船能够乘风破浪地航行？"但结果呢？富尔顿不但实现了目标，还因此发明了蒸汽机船。

生命中，没有什么比完成别人口中"办不到"的事情更过瘾的了。人生的一大乐事就是敢作敢为，去完成别人认为你做不到的事。

心胸坦荡，豪爽率真——培养豪爽型性格

　　豪爽的人给人一种亲和力，豪爽的人活得坦坦荡荡，豪爽的人能以乐观的态度面对生活中的挫折、压力和困境。

　　豪爽型性格的人直来直去，无所顾忌，他们经常为自己的朋友两肋插刀。这种性格的人做事干脆利落，绝不拖泥带水，也不讲求个人私利。

　　古话说："豪爽者皆成大事之英雄。"豪爽的确是一种令自己、令他人都如沐春风的性格。把自己培养成一个具有爽快性格的人，会让你整个人都具备一种穿透力，具备令人信服的气质，在与人交往中也会如鱼得水。

　　豁达爽快的性格，就是胸襟博大，宽容大度，体贴谅解，包容谦让，善待他人。性格豪爽的人，心灵上没有阴影，面对困境仍然能够保持心态上的乐观，这种人智商很高，情商也相当优秀。他们知识渊博，心胸宽广，能以坦然的心态来承担生活的压力。他们认为人生是一种体验，总是保持豁达的态度，通过改变自己的生存状况，达到心灵的最佳境界。

　　宋代大词人苏东坡以他豪放豁达的个性而名垂千古。他性格开朗，刚直不阿。由于无法从流于政治的僵化，他多次被朝廷流放。流放的生活是极其艰辛的，但生性豪爽的苏东坡却以其豁达宽容的态度面对眼前发生的一切。他甚至亲自动手，自耕自种，

过着苦中作乐的生活。这样大气的性格心态令他的诗词豪放不羁，掷地有声，为后人所传颂。

宋哲宗绍圣四年(1097年)，苏东坡被贬琼州，就是现在的海南岛，当时还是一片荒蛮之地，然而他仍然能够泰然处之。他在诗中写到："日啖荔枝三百颗，不辞长作岭南人。"同样，在他被贬杭州的时候，他依然乐天从命，写下"我本无家更安住，故乡无此好河山"这样乐观坦荡的诗句。

豁达豪爽单从字面而言并不难理解，可要真正做到这一点却并非易事，人们往往会有茫然不知所措的时候。人人都要置身于现实生活的大千世界，随时随地都要经受着个人利益与他人利益、个人利益与集体利益等相互碰撞的考验，如何诠释？如何排遣和化解诸如此类的矛盾？特别是在社会竞争压力与日俱增的情况下，生存空间和生存环境越来越复杂多变，人们对物质生活水平的要求也越来越高，如果你不能以一种豁达乐观的心态来面对无处不在的激烈竞争以及生活中各个方面的压力和挑战，那么随时都有可能被乌云密布的氛围所笼罩。

然而豪爽之人则不会，豪爽者会大事化小，小事化了，取而代之的则是嫣然一笑。豁达豪爽能使人拥有一颗知足常乐的心态；豁达豪爽能使人变得更加从容；豁达豪爽能使人坚强乐观起来；豁达豪爽能使人笑看成败，笑看人生，坦然面对生活；豁达豪爽的性格是幸福快乐的源泉。

但豪爽也必须有度。要做到豪爽有度，必须遵循以下几点。

①清楚豪爽性格的优势和劣势。没有哪一种性格是十全

十美的，豪爽性格也一样。它的优势是，豪放开朗，直来直去，一切率性而来，坚持到底；它的劣势是，独断专行，说话无所顾忌、霸气。

②向善于控制自己情绪的自制型性格的人学习。

③给自己的豪爽系根"绳子"，不要让它滑向狂妄的边缘。

④不要一味地脱离现实而追求超凡脱俗。

风摧不垮，雨打不折——培养坚韧型性格

坚韧是一种刚强，坚韧是一种体现生命弹性的品格，坚韧是一种性格魅力，坚韧是在坚持中体现出的一种韧性，是一种更理性、更富有强度的力量。

具有坚韧性格的人是明知不可为而为之、是夹缝里求生存、是明知山有虎偏向虎山行的人。坚是一种特性，坚不可摧就是此意。老子说："兵强则灭，木强则折。"但只有坚是不行的，还得有韧，韧是顽强的意志力和超强的忍耐力。具有坚韧性格的人是无敌的，这种人做事专一，永不会放弃，不屈不挠，不达目的誓不罢休。这种性格的人无论从事什么职业都会成功，因为他们绝不轻言放弃。

在日本曾经有一位父亲很为他的孩子而苦恼。因为他的儿子虽然已经长到十五六岁了，可是却一点也没有男子汉的气概。于是，这位父亲只好去拜访一位在寺院修行的禅师，请他帮助训练

自己的孩子。禅师对他说:"你把孩子留在我的寺院里吧。3个月以后,我一定可以把他训练成真正的男人。不过,这3个月之内,你不可以来看他。"父亲考虑了一下之后同意了禅师的要求。

3个月之后,那位父亲如约来接他的孩子。禅师安排孩子和一个空手道教练进行一场比赛,以此展示这3个月的训练成果。教练一出手,孩子便应声倒地。那孩子站起来继续迎接挑战,但马上又被打倒,他就又站起来……就这样来来回回一共16次。禅师问父亲:"你觉得孩子的表现够不够男子汉气概?"父亲回答说:"我简直羞愧死了!心痛死了!想不到我送他来这里受训3个月,看到的结果竟然是他这么不经打,被人一打就倒。"禅师说:"我很遗憾你只看重表面的胜负。你有没有看到你儿子那种倒下去之后立刻又站起来的勇气和毅力呢?那才是真正的男子汉气概啊!"

坚韧需要磨砺,急火难做美食。只要站起来比倒下去多一次就是走向成功。那些渴望成功的人,都懂得不能因为暂时的失败和挫折而自暴自弃,反而应该更加努力上进。

很早以前,在荷兰的一个小镇,来了一个只有初中文化程度、名叫列文虎克的年轻农民。他的工作是为镇政府守大门,一干就是60多年。他在工作之余,不下棋不打牌,只爱磨镜片。为了钻研磨镜技术,他到处求师访友,向眼镜匠学习,向炼金家请教,常在寂寞的深夜磨个不停。由于忙,减少了与亲友的往来,有人骂他是"不近人情的家伙"。对此,列文虎克无动于衷,锲而不舍地勤奋工作,磨出的复合镜片的放大倍数超过了专业技师,最终制成了当时无与伦比的精细显微镜,揭开了当时科技尚未知晓的微生物世界的"面纱"。为此他被授予巴黎科学院院士的头衔，英国女王访问荷兰时，还专程到这个小镇拜会他，英国皇家学会也选他为会员。

其实，要想取得成功，没有什么"捷径"可走，也没有什么"锦囊妙计"，最需要的就是坚韧不拔的品格。正如法国微生物学家巴斯德所说："告诉你使我达到目标的奥秘吧，我唯一的力量就是我的坚持精神。"

因此，培养坚韧的性格对于一个人来说尤为重要，那么，如何来培养坚韧的性格呢？

①确切地知道自己最想要的是什么，给自己树立一个目标。

②让自己拥有强烈的想得到坚韧性格的欲望。

③相信自己的能力，给自己足够的自信。

④不管是生活中还是工作中，都要学会与人合作，了解和适应别人的方式，与周围的人建立融洽的关系。

⑤张扬自己的意志力，这样才能为了既定的目标而自觉去努力。

⑥经常进行体育锻炼，培养在困境中的坚韧和弹性，强化驾驭生活的能力。

刚强气质，强者风范——培养刚毅型性格

刚毅的性格可以说是成功者必备的一种性格，刚毅型性格的人可能给人一种强者的感觉，而且在为人处世的过程中给人一

种强者风范、果敢坚定的印象，刚毅的性格能让人面对困难而不退缩，面对成功而保持冷静。因此，培养刚毅的性格是尤为重要的。

刚毅是一种力量美和沧桑美，刚毅是不屈不挠的精神和自信性格的完美结合的体现。刚毅的性格也往往是造就强者的性格。

刚毅性格是刚与毅的结合，她具有钢铁般的坚硬，又具有坚强持久的意志力。这类性格的内涵是勇猛而顽强，果断而自信，直而不肆，光而不耀，而且不屈不挠，执着而坚定，有种不达目的不罢休的霸气。

刚毅性格与坚韧性格一样都具备了阴与阳两大元素，坚韧性格偏重于韧而柔，因而阴的成分较重；而刚毅性格偏重于刚而硬，因而阳的成分较重。尽管它们有重阴重阳之分，但在本质上却是相同的，就像是水，坚韧性格是滴水穿石，它的特点在于锲而不舍，千年如一日；刚毅性格则是滚滚长江，无坚不摧，势不可当。

鲁迅说过："伟大的胸怀，应该表现出这样的气概——用笑脸来迎接悲惨的命运，用百倍的勇气来应对自己的不幸。"只有这样，才能铸就刚性人生，练就强者风范。

左宗棠是清末著名的大臣，他曾主持洋务运动，出兵新疆，收复伊犁。他为人处世秉性刚毅。左宗棠曾在曾国藩手下做"幕僚"，但常常与曾国藩意见不合。曾国藩曾出一上联讽喻左宗棠说："季子何言高，与我意见大相左。"因左宗棠字季高，故联语中嵌其字以示嘲笑。左宗棠也毫不示弱，立即回敬一联："藩臣堪误国，问他经济又何曾？"联中也嵌入了曾国藩的名字，并贬低了曾国藩的才能。当时，左宗棠官小位卑，敢如此言语，可见其性格刚毅不屈。

左宗棠这种刚毅不屈的天性，即使在面对洋人时，也表现得淋漓尽致。一次朝会，美国公使威妥玛高居上座，左宗棠一见便怒火中烧，毫不留情地指责道："这是王爷的座位，我都得坐在下面，你凭什么坐在那里？"这使傲气凌人的威妥玛羞怒交加，但面对一身刚毅的左宗棠也只能作罢。

一个内心刚毅的人是不会轻言放弃的，而且他们面临困难和挑战时也永远只有勇往直前，他们天不怕地不怕的架势也正是他们刚毅性格的最佳写照。一般而言，刚毅的性格多见于男性，它能体现出男性阳刚的一面，将男儿之气展现得淋漓尽致。

然而，刚毅型性格也可以体现在女性身上，这便让女性除了阴柔外还透出刚强的另一面。英国的前首相撒切尔夫人就是一个例子。这位"铁娘子"是英国历史上唯一一位女性首相，她性格果断刚毅、毫不妥协，工作起来不知疲倦。她的坚强、刚毅和超强的自制力在她政坛的最后一刻得到了很好的体现。在竞选失利的情况下，她仍然不失"铁娘子"的风范，尽力维护自己的尊严，不让自己在众人面前流泪，用超强的自我控制力完成了最后的演讲。面对失败的局面，她和其他人一样觉得沮丧、痛苦，但是她在得失面前仍然能够保持自己政治家的形象，不能不说是她刚毅的性格在起着关键的作用。

那么普通人如何让自己成为一个具有刚毅性格的人呢？任何性格都是可以塑造和改变的，只要坚持不懈地对某种性格进行培养，就一定能造就这种成功的性格。

①磨砺自己的意志。没有坚强的意志,就不可能持之以恒。

②让自己远离柔弱。柔弱就会使我们被困境困扰,柔弱也是坚韧最大的敌人。

③困难来临时不要怕,一定要挺得住。要相信所有的困难都是纸老虎,并且勇敢地站出来战胜困难,一旦把困难克服,将更加刚毅。

④生活要有规律,不因为环境而轻易改变。

⑤总是给自己的下一站订立好目标,并做出一些详尽的计划,每天严格执行。

⑥在困难面前保持冷静,理性地分析问题并给出好的解决方案。

⑦遇事不要虚张声势,要学会隐忍。

⑧学会沉默,在沉默的同时要进行理性的思考,不要轻易流泪,再大的痛苦也要埋在心底。

⑨多参加一些如长跑等锻炼耐力与恒心的体育活动。

⑩多激励自己不断地进行自我超越,每天都进步一点点。

把握时机,雷厉风行——培养行动型性格

杰克·韦尔奇给年轻人的忠告:"如果你有一个梦想,或者决定做一件事,那么,就立刻行动起来。如果你只想不做,是不会有所收获的。要知道,100次心动不如1次行动。"

在生活中至少存在两种类型的人：一是天天沉浸于幻想中，看不到一点行动的痕迹；二是善于把想法落实到计划中，成为一个敢于行动的人。你是哪一类人？凭你自己的经历，你已经找到了答案。

但是，这个看似人人皆知的问题，在许多人身上并没有引起足够的重视，因为他们常常把失败的原因归罪于外部因素，而不是从自身找到失败的病根子。其中很重要的一条是：这些人常常是一名幻想大师，面对那些看不见、摸不着的东西时心动不已，总以为光凭自己的意愿就能实现人生理想，就能过自己想过的日子，就能成为一个被人羡慕的人。抛开这些特定的人不讲，实际上在我们身边，那些天天抱头空想自己未来的人，之所以没有人生的进展，就在于他们都是"心动专家"，而不是"行动大师"。

有人说，心想事成。这句话本身没有错，但是很多人只把想法停留在空想的世界中，而不落实到具体的行动中，因此常常是竹篮打水一场空。当然，也有一些人是想得多干得少，这种人只比那些纯粹的"心动专家"要强一些，要好一些。因为行动是一个敢于改变自我、拯救自我的标志，是一个人能力的证明。光心想、光会说，都是虚的，不能看到一点实际的东西。美国著名成功学大师马克·杰弗逊说："一次行动足以显示一个人的弱点和优点是什么，能够及时提醒此人找到人生的突破口。"毫无疑问，那些成大事者都是勤于行动和巧妙行动的大师。在人生的道路上，我们需要的是：用行动来证明和兑现曾经心动过的金点子。

立刻行动起来，不要有任何的耽搁。要知道世界上所有的计划都不能帮助你成功，要想实现理想，就得赶快行动起来。成功者的路有千条万条,但是行动却是每一个成功者的必经之路,也是一条捷径。因为幸运永远也不会降临到心动而不行动的人身上。只有行动,才能成功。

有两个人找到上帝,请教怎样才能成为天使,上帝派他们到一座大山上去考察,约定10年后再相见。

他们一起攀上了山顶,发现整座山竟没有一棵树、一株草,他们内心十分不满意。一个人发了牢骚后就愤然离去;另一个人则是去别的山上采摘了各种各样的种子,把它们播到了荒山上。

10年后,上帝接见了这两个人,询问他们有关那座荒山的情况。"真想不到,世界上还有如此荒凉的大山,一棵树、一株草也没有。"第一个人抱怨说。

"10年前,那里的确是一座荒山。不过,今天,它已是一座青山。"另一个人说。

"怎么会呢?荒山只能永远是荒山啊!"

"那只是暂时的荒山,只要我们用行动改造它,播上树种,它就会长满树;播上草种,它就会长满草。"

上帝欣慰地点点头,对第二个人说:"你已经成为天使了。"

这就是行动的力量。只要行动起来,每个人都可以成为天使。

行动要以目标为指针,踏踏实实,一步一个脚印地创造价值。行动是一个坚实的奋斗过程,需要我们扎扎实实地履行生命过程中的责任。成功始于行动,世界是行动的唯一果实。

当一个青年问被誉为"推销之神"的日本人原一平如何做好推销时,他神秘地说:"答案就在这里。"言毕,他脱下袜子,"你来摸一摸就知道了。"青年果然去摸了摸,惊讶地说:"这么厚的老茧啊!"

原一平严肃地说:"没有什么秘密,只有坚持不懈地行动。"

当我们羡慕别人的成功时,我们有没有问过自己是否已经开始行动?如果没有,那就马上开始吧!

1. 行动从落实任务开始

给自己落实任务是学会行动的最深学问。一个人既要学会给别人落实任务,也要学会给自己落实任务。有了任务,行动才会有方向。

2. 逐步实现目标

为行动编制提纲,一步一步地去实现目标,各个击破。杂乱无章,往往令人无从下手,久而久之,既降低工作的效率,又失去了信心和意志,这时,编制提纲就显得尤为重要。

3. 看事物要深入到本质中去

4. 贵在执行,勇于执行

执行,是实现目标的过程;执行,才可以体验到成功的喜悦。

5. 用乐观的态度善待麻烦

生活中麻烦的事情很多,愁眉苦脸也解决不了,那为何不让自己乐观地去面对呢?

6. 选择通往成功最佳的道路

通往成功的路有无数条,最重要是选择适合自己的最佳的道路。

7. 善于处理小事和大事

对待重大问题要有举重若轻的态度,对待日常小事要有举轻若重的态度。

8. 细节可以影响全局,所以千万不要忽视细节

只有雕琢细节,才能使璞玉圆润光洁。行动也是一样,细小的差错也会影响个人整体的良性发展。

9. 今天的事不要拖延到明天

今日事,今日毕,绝不要抱有"明日复明日"的想法。

10. 贵在坚持,有始有终

失败的原因很多,但成功的原因只有一个:贵在坚持,有始有终。所谓"破釜沉舟,百二秦关终属楚;卧薪尝胆,三千越甲可吞吴"。

左右逢源,人脉畅通——培养社交型性格

文学家萨迪曾说:"蚊子一起冲锋,大象也会被征服。"戴尔·卡耐基也曾指出:"一个人事业的成功,只有15%是由于他的专业技术,另外的85%要靠人际关系和处世技巧。"他还指出:"只有想办法去认识更多的人,并使这些人都成为自己的朋友,才是人生成功的关键。"所以,想要成功,就必须精心编织一张属于自己的人际关系网。

拓展人际关系，应从培养社交型性格着手。拓宽自己的社交圈子，不仅可以了解别人，认识社会，也可以捕捉到更多的信息，增强自己的竞争力；同时，也可以让别人了解自己，然后通过别人的反映来更好地认识自己。

社交是一种艺术，也是一门学问，社交是人生的需要，绝不能视为可有可无。一个不会社交的人，在这样一个年代必将寸步难行。

因此，培养社交性格对于我们而言是尤为重要的，而培养社交性格的第一步便是乐于助人，累积人情，建立关系网。

钱锺书先生一生日子过得比较平和，但在困居上海写《围城》的时候，也窘迫过一阵。辞退保姆后，由夫人杨绛操持家务，所谓"卷袖围裙为口忙"。那时他的学术文稿没人买，于是他写小说的动机里就多少掺进了挣钱养家的成分。一天500字的精工细作，绝对不是商业性的写作速度。恰巧这时黄佐临导演上演了杨绛的4幕喜剧《称心如意》和五幕喜剧《弄假成真》，并及时支付了酬金，才使钱家渡过了难关。时隔多年，黄佐临导演之女黄蜀芹之所以独得钱锺书亲允，开拍电视连续剧《围城》，实因她怀揣老爸一封亲笔信的缘故。钱锺书是个别人为他做了事他一辈子都记着的人，黄佐临40多年前的义助，钱锺书多年后回报。

人际关系网一旦建立，就需要用耐心去对人际关系进行认真的经营。因为若只是建立了人际关系网而不进行经营，那么，人际关系网也迟早会出问题。

而建立和维护关系网都需要有耐心，如果用到人时终日笑脸相迎；用不到人时则相逢若不相识，这样的人太急功近利，一点生命的真爱都没有，他自然也很难有什么人缘。人和人的交往更多的在于心的交流，这是一个长期的过程，所以建立和维护人际关系是极需耐心的。

某位企业董事长的交际手腕高人一筹。他长期承包那些大电器公司的工程，对这些公司的重要人物常施以小恩小惠，但这位董事长的交际方式与别人不同的是：不仅结交公司要人，对年轻职员也殷勤款待。

当自己结交上的某位年轻职员晋升为科长时，他会立即跑去庆祝，赠送礼物。年轻科长自然十分感动，无形中产生了感恩图报的意识。这样，当有朝一日这位职员晋升为处长、经理等要职时，仍记着这位董事长的恩惠。因此在生意竞争十分激烈的时期，许多承包商倒闭的倒闭，破产的破产，而这位董事长的公司却仍旧生意兴隆。其原因之一就是他平常人际关系中感情投资多。

当然，我们在人际交往中还有一点也是至关重要，那便是交往互助、办事顺利。

交际中的互助原理是：你在关键时刻帮人一把，别人也会在重要时刻助你一臂。初看起来似乎是等价交换，其实，不管你是一个什么样的人，都不可能像鲁滨逊那样独自一人闯天下，尤其是要想打开自己的人生局面，更离不开与各种各样的人打交道。要想让别人将来帮助你，你就必须先付出精力去关心别人、感动别人，这样才能赢得别人回报的资本。因此，培养练达的性格，必须信守"相互帮衬"之道。

而在这样一个人际关系占据重要位置的时代,培养社交型性格的准则是什么呢?

①克服过分的自尊心理。过分自尊的人,其实是怕别人发现自己的缺点,在心理上形成了一种自我保护。当他一旦被别人发现缺点,就变得非常失望,自卑甚至自我封闭。因此,过分自尊是我们开展社交必须逾越的一堵墙。

②克服自卑的心理。培养社交型性格必须战胜自卑,因为自卑的人喜欢把自己保护起来,不愿意与人交往。

③克服腼腆胆怯的心理。培养社交型性格就意味着与各种各样的人打交道,所以腼腆胆怯的心理是不可取的。

④要有一颗宽容的心。人最高贵的品质是宽容。不要紧盯别人的缺点,斤斤计较,"人非圣贤,孰能无过",宽容别人,也就是宽容自己。

⑤要有"三人行,必有我师"的意识。有了这种意识,才能发现别人的长处,才能让自己有一种虚怀若谷的心境。

⑥要真诚地赞美别人。赞美别人,才能得到别人的赞美,才能发现相互的优缺点。

⑦要有互惠双赢的理念。"欲得之,先予之"。付出才有收获。

心平气和,宠辱不惊——培养沉静型性格

沉静的性格总是给人一种心平气和、宁静安祥的感觉,尤其

是当困难或者灾难来临的时候，沉静性格的人则往往表现得理性而冷静，宠辱不惊。

沉静是理性的沉淀，生活需要沉静。沉静能让我们远离厄运，远离诱惑；沉静能让我们拥有智慧。考场上，沉静是一把锁；赛场上，沉静是一面旗；碰到困难时，沉静是希望的曙光。可以说，沉静是人生的一种精髓，得到它，我们的人生就能少挫折，多收获。

沉静性格的人一般都具有遇事镇定、处事冷静、做事审慎、办事认真的特点，而且是最能给人以信任感和稳重感，让你觉得靠得住，放心。

历史上的名人伟人多有沉静的性格。毛泽东的性格中就具有沉静的一面，在红军长征的岁月里，红军遭遇到了前所未有的艰难局面，当时的毛泽东冷静而理性地对当时的环境进行了分析，提出了南下贵州再绕道上陕西的方案，长征的胜利证明了其决定的正确性。

但任何事物都得有个度，性格也不例外。一旦过了，就很有可能发展或转变成默默无闻，甚至会是死气沉沉，而这也正是我们要努力避免的。因此，把握好度将有利于我们更好地培养出沉静的性格。

一颗沉静的心，一种沉静的性格，不仅能让你在人际交往的关系网中游刃有余，更能让你在生活、事业的波涛中稳坐钓鱼台。而且，沉静更是一个人成熟的一种体现，岁月和经历磨去了外表的浮躁，在风风雨雨中，沉静让一个人以站立的姿态巍然屹立！

以柔克刚，威力无穷——培养温顺型性格

温顺并非是柔弱，更不是懦弱，或者无条件、无原则地屈服，真正的温顺实际上是一种智慧，一种品德，一种以柔克刚的无穷力量。

温顺，应该是属于女人的。上帝在创造女人的时候用了柔软的泥土，因此女人天生就具有温顺的一面。温顺是女人特有的性格，温顺是女人最美的性格，温顺让女人更有魅力。温顺是一种智慧，温顺是一种个性，温顺是一种修养，温顺是一种表达，温顺有时可以征服一切。

在古代希腊神话里，智慧女神雅典娜给人的一种高级智慧便是温顺。埃及艳后克丽奥佩特拉不但让罗马共和国的执政官拜倒在石榴裙下，心甘情愿为其效命，还保全了一个王朝。她究竟是凭什么俘虏了那个时代两位最强势的男人呢？是因为美丽吗？但考古学家却发现，美丽的埃及艳后原来是个身高只有1.5米、身材明显偏胖、衣着寒酸、脖子上赘肉明显、牙齿也坏到要找牙医的地步的丑女人。经过考证，答案终于找到了，她是凭借着自己的温顺俘虏了那两个男人的心。因为古罗马的女人都很强壮而美丽，这样往往能激起男人的征服欲望，而很难长期留住男人的心，但埃及艳后则不一样，她用自己的温顺降服了一个又一个不羁的男人，正是她的温顺让男人久久不愿离开她的怀抱，他们能从她那里得到一种安全感。

当然，温顺并不等于依赖，温顺的人有自己的主见，有自己的想法，但他们会更多地去考虑别人的想法，当双方想法不一样

时，不是直接，而是间接、委婉地表达自己的想法。温顺也并不等于软弱，温顺的人在遇到困难或遭到反对时，不会退缩，反而会一改常态地予以反击，甚至，在某种情况下，温顺的人会是勇敢的人最坚强的后盾。

因此，我们说，真正的温顺其实是一种难得的智慧，一个真正温顺的人是懂得如何运用温顺的性格在现实生活中不断地完善自我的。温顺的人往往能在最短的时间内博得他人的好感，给人一种信任、亲切的感觉。温顺的人是平易近人的，他们一般都拥有较为良好的人际关系。

温顺的性格的确很玄妙，但并不是遥不可及的，聪明的女人可以运用各种方式来打磨自己温顺的性格，以下为您提供几种实用的方法。

1. 提升内在的气质

气质是女人骨子里的精华美，它是女人拥有温顺性格的坚实基础。读书和学习则是提升内在气质的最佳、最直接的方法。

2. 以情动人

温顺型性格的人必备的条件之一就是感情丰富。因为有情，她们的内心世界丰富；因为有情，她们的生活多姿多彩。

3. 心存善良

善良是温顺必备的内在条件。只有拥有善良的人，才能拥有温顺的美。

4. 善用温柔的话语

巧妙利用温柔来加强声音的效果，是表现温顺的秘诀。温柔的话语常常能融化别人内心的坚冰，打破人际交往的隔阂，搭起人与人之间沟通的桥梁。

5. 提高修养

我们应该通过修炼人格、修炼心智来提高自身的修养，进而拥有温顺型的性格。

6. 用微笑增添妩媚

微笑，可以让你不用一言一语就能征服别人。所以，培养温顺型性格首先要学会微笑。

7. 善用眼泪

眼泪是温顺型性格的人最便捷的武器，但善用不等于滥用，把握时机，适可而止，才能发挥眼泪最大的威力。

8. 懂得依附

太强太独立的性格，不但会失去温顺的本色，而且会让别人感觉不出自己的重要性。所以，要想培养温顺型性格，就不要显示出自己太强的独立性，要懂得适时地依附别人。

9. 委婉地表达自己的观点

将自己的观念或不同意见用一种别人能接受的委婉的方式表达出来，不仅是一种智慧，更能收到良好的效果。

积极乐观,快乐无忧——培养快乐型性格

快乐是什么——快乐既非一份礼物,也不是一项权利,我们得主动寻觅、用心追求,才能得到。当你尝试新的事物,接受新的挑战时,你就会因发现了一个新的生活层面而惊喜不已。有梦想、有追求,就会有快乐。因为奋斗的过程和达到目标时的辉煌,都能使人产生无比的快乐。

快乐是一种心灵状态,不是来自于物体,也不是一件东西。你不需紧紧抓住它,因为它就在你心中。但这并不表示你就不需贡献一些精力给它。快乐就像一场宴会,你坐下来享受其中的乐趣——但只有你要它、你已准备好迎接它时,才翩然到来,准备让自己快乐吧!让快乐发生吧!

若一个人能快乐地去生活、去工作,那么,他不仅会让自己的生活快乐起来,更会为别人也带来快乐。与快乐性格的人在一起会十分放松。因此,快乐性格的人是最容易赢得朋友的,只要他们的一个微笑就足以让整件事情向着一个良好的方向发展。而且快乐性格的人通常是乐观的,他们总是会看到事情美好的一面,相信事物美好的一面,并且向着美好的一面而努力,会给人积极向上的印象。

一个人是否快乐,不在于拥有什么,而在于如何看待自己所拥有的一切。快乐的遥控器始终掌握在自己的手中,生活快乐与否,就看你是否将性格的视窗对准快乐的频道。所以在生活中,我们应该抛弃痛苦、沉淀快乐。

培养快乐型的性格就可以让我们的人生充满快乐。下面的方

法能帮助每个人与快乐相随。

①保持童心。孩子是天真无邪的,他们拥有容易满足的品性,他们总能在人们的举手投足中寻找到快乐。所以,成人也应该向他们学习,经常保持一颗纯真的童心。

②不为小事烦恼。人生短暂,浪费时间为小事烦恼是巨大的损失,抛弃小事所带来的烦恼才是人生的最高智慧。

③学会放松。学会放松才能保持最佳的活力去迎接新的生活;学会放松才能让我们更加适应周围的环境,提高生活的质量。

④简单地生活。简单即智慧。生活本身就是极其简单的,我们为什么要人为地搞复杂呢?

⑤知足者常乐。学会满足,才能让自己快乐;学会满足,才能活出真实的自我。

⑥丰富自己的兴趣爱好,充实自己的生活,也是培养快乐型性格的捷径。

这种简单的办法是否有用呢?你可以自己试一试。你的脸上露出一个很快乐的笑脸来,抬头挺胸,好好地深吸一大口气,然后唱一小段歌;假如你五音不全,就吹口哨;若是你不会吹口哨,就哼一段小曲。当你的行动可以显出你快乐的时候,根本就不会再忧虑和颓废下去了。

假如我们想培养宁静和快乐的心境,请记住下面的原则:"有了快乐的思想和行为,你就能得到快乐。"

感谢你身边的每一个人吧!感谢你所经历的每一件事吧!只有当你真正懂得感谢的时候,你才能获得了真正的快乐。

图书在版编目（CIP）数据

别让性格害了你 / 邢群麟编著. -- 北京 : 线装书局，2018.3
　ISBN 978-7-5120-3037-4

　Ⅰ. ①别… Ⅱ. ①邢… Ⅲ. ①性格—通俗读物 Ⅳ. ① B848.6-49

中国版本图书馆CIP数据核字（2017）第 303494 号

别让性格害了你

编　　著：	邢群麟
责任编辑：	李津红
出版发行：	线装書局
地　　址：	北京市丰台区方庄日月天地大厦B座17层（100078）
电　　话：	010-58077126（发行部）010-58076938（总编室）
网　　址：	www.zgxzsj.com
经　　销：	新华书店
印　　制：	三河市中晟雅豪印务有限公司
开　　本：	880mm×1230mm　　1/32
印　　张：	8.5
字　　数：	191 千字
版　　次：	2018 年 3 月第 1 版第 1 次印刷
印　　数：	0001—5000 册
定　　价：	32.00 元

线装书局官方微信